KB023775

오늘 행복해야
내일 더
행복한
아이가 된다

오늘 행복해야 내일 더 행복한 아이가 된다

초판 1쇄 2014년 7월 30일
개정판 2쇄 2023년 3월 30일

지은이 이성근, 주세희
펴낸이 정은영
책임편집 한미경, 박지혜
디자인 땡스북스 스튜디오
일러스트 최보명

펴낸곳 마리북스
출판등록 제 2019-000292호
주소 04037 서울시 마포구 양화로 59 화승리버스텔 503호

전화 02) 336-0729, 0730
팩스 070) 7610-2870
인쇄 (주)신우인쇄

ISBN 979-11-89943-76-9 13590

오늘 행복해야 내일 더 행복한 아이가 된다

악동뮤지션 엄마 아빠의 부모철학

이성근 · 주세희 지음

마리북스

CONTENTS

part 2

아이도 사춘기, 아빠도 사춘기

part 3

꿈으로 가는 길 만들어주기

part 5

아이의 관찰자 되기

프롤로그

오늘을 사는 아이와 내일을 걱정하는 부모

부모라면 누구나 내 아이를 잘 키우기를 소망할 것이다. 우리도 마찬가지로 이런 소망을 하며, 아이들이랑 함께 놀고, 함께 부대끼며 오늘 하루를 재미있게 보내려고 했다. 아이들이 뭘 한다고 하면 우리도 달려들어 하고, 아이들이 이야기를 하면 그 어떤 이야기보다 재미있게 들어주었다. 딱히 아이들을 어떻게 키워야겠다는 큰 그림도 각오도 없었지만, 그날그날 아이들한테 최선을 다하려고 노력했다.

그래도 우리 나름의 철학이 있었다면, 아이들은 그 나이에 맞게 놀고 배워야 한다는 것이었다. 특별히 무엇을 해주기보다 자연스럽게 키우자는 생각이었다. 그리고 아이들이 고등학교를 졸업하는 나이가 될 때까지는 부모와 아이들이 함께 있어야 한다는 생각을 가지고 살아왔다. 아빠, 엄마, 자녀가 어우러진 가정이란 울타리를 더욱 튼튼하게 만들려 했던 것이다.

우리에게 욕심이 있다면 아이들을 가정 안에서 최대한 행복하게 키우는 것이었다. 우리의 목표는 공부 잘하는 아이, 영특한 아이가 아닌 행복한 아이였다. 하지만 오히려 아이들 덕분에 우리가 더 행복했고, 아이들에게 더 많이 배웠다. 그뿐인가. 아이들에게서 감동받으며 우리 내면의 상처도 치유하고, 많은 시행착오를 겪으며 부모로서 한 단계 더 성장했다.

가족이란 함께하며 서로 사랑하며 배워나가는 존재다. 그러는 동안에 끊임없이 가정이란 울타리를 고쳐나간다. 우리는 여느 부모처럼 좋은 부모가 되려고 노력했으나 실수도 많이 했다. 가정이란 울타리는 부모가 만드는 것이라는 생각 자체가 잘못된 것이라는 걸 아이들과 함께 살아가면서 배웠다. 완벽한 어른, 완벽한 부모는 없는 모양이다. 그렇기 때문에 가족이 함께 보내는 순간순간이 소중한 게 아닐까.

사람들은 스스로 생각하는 잣대에다 자신의 삶을 맞추며 살아간다. 그것이 돈이 되었건, 자녀의 공부가 되었건, 부모와 자녀의 관계가 되었건! 그 잣대가 과연 옳은 것일까? 그 삶이 과연 최선의 삶일까?

우리 가족이 살아가는 방식이 최선은 아닐 것이다. 우리는 어쩔 수 없는 상황에서 우리가 할 수 있는 최선을 다했을 뿐이다. 우리가 지치면 아이들이 충전시켜주고, 우리는 아이들에게 매 순간 사랑을 주려고 했다. 어떻게 사는 게 잘사는 것일까? 가정의 모습은 어떠해야 할까? 우리는 지금도 늘 이런 고민을 하며 살고 있다.

〈K팝 스타 2〉 최종 무대에서 한 심사위원이 "악동뮤지션의 부모가 자녀 교육법에 관한 책을 쓴다면 좋을 것 같다"는 이야기를 한 뒤 수많은 출판사에서 연락이 왔다. 대부분의 출판사가 '악동뮤지션을 만든 교육법'을 알고 싶어 했지만, 우리에게는 그에 답할 만한 적절한 이야기가 준비되어 있지 않았다. 무언가 특별한 게 있는 것처럼 포장해서 이야기한다면 그것은 거짓말이 될 것이기 때문에 제안을 거절했다. 그런데 많은 사람들이 우리 아이들을 보면서 몽골과 홈스쿨링에 대해서 특별한 것이 있을 거라는 기대를 키우는 듯했다. 우리 아이들은 부모의 뜻에 따라서 몽골에 갔고, 그곳에서 어쩔 수 없이 홈스쿨링을 했을 뿐이다. 그래서 솔직하게 우리가 어떻게 생활하고, 아이들을 키웠는지 소소한 이야기를 하려는 것이다.

우리는 좋은 추억은 삶의 자산이라고 생각한다. 미래의 꿈을 이루는 데도, 그리고 인생을 살아나가는 데도. 사실 이 책은 교육서라기보다 우리가 아이들과 함께 살아오면서 쌓은 추억을 기록한 것에 불과할지도 모른다. 이 글을 쓰느라 옛 기록들과 사진들을 다시 들춰보면서 그동안 우리가 어떻게 아이들을 키워왔는지 떠올려보게 되었다.

우리가 아이들을 키우면서 가장 중요하게 생각했던 것은 '좋은 가치'를 길러주는 것이었다. 사람이 어떤 가치를 가지고 사는가에 따라 그 사람의 인생도 달라진다고 믿기 때문이다. 가장 중요한 가치는 '무엇이 나를 행복하게 하는가'에 대한 자기 자신의 대답일 것이다.

우리는 아이들과 함께 내일 일은 내일 걱정하고, 오늘은 행복하게 살아나가려고 노력했다.

'오늘도 아이들과 재미있게 잘 보냈으면 그것으로 되었다.'

이런 생각으로 살았다. 아이들은 오늘을 살고 싶어 하는데, 많은 부모가 내일을 걱정하며 오늘을 준비하라고 다그친다. 이런 아이와 부모의 간극은 멀고도 깊다. 오늘을 살고 싶어 하는 아이들의 마음을 조금만 더 헤아려준다면 아이들도 부모들도 더 행복해지지 않을까. 우리 모두 내일이 아닌 오늘 행복해졌으면 좋겠다.

2014년 7월

이성근, 주세희(악동뮤지션 아빠, 엄마)

part 1

어쩔 수
없는 선택,

홈스쿨링

몽골,
그곳에서의 시작

아빠

2008년 5월, 우리 가족은 몽골의 칭기즈칸 국제공항에 내렸다. 몽골은 우리 가족에게 도전과도 같은 곳이었다.

몽골에서 사역을 하고 싶었던 나는 무려 5년간이나 가족을 설득했다. 가족들은 '아빠가 그토록 가고 싶어 하는 곳이니 한번 가보자'라는 마음으로 몽골행을 결심했다고 해도 틀린 말은 아니다. 몽골은 아주 추운 겨울이 오랫동안 이어진다는 것도, 대중교통이나 교육 여건이 좋지 않다는 것도, 외국인이 살기에 만만치 않은 나라라는 것도 '아빠의 소망'만큼 중요하지 않았다. 이렇게 나는 광활한 몽골 초원에서 가족이라는 양 떼를 책임지는 가장으로, 그리고 외국인 선교사로 낯선 생활을 시작하게 되었다.

그때 찬혁이는 초등학교 6학년, 수현이는 초등학교 3학년이었다.

상쾌한 첫출발

몽골에서의 첫출발은 상쾌했다.

"와, 좋다! 몽골에 와서 너무 좋아요!"

아이들은 깨끗하게 지어진 빌라 같은 게스트하우스에 들어서자마자 환호성을 질렀다.

우리가 몽골에서 처음 지내게 된 숙소는 수도 울란바토르 중심 지역에 있는 어느 대학교의 게스트하우스였다. 우리 부부는 그 대학교에서 언어 연수를 받기로 되어 있었고, 학교에서 운영하는 게스트하우스에서 몽골에서의 첫 해를 보낼 예정이었다.

몽골에 오기 전 한국에서 가족들에게 몽골식 전통 가옥인 '게르'의 사진을 보여준 적이 있다. 아이들은 혹시 우리가 그런 텐트에서 살게 되지 않을까, 걱정 반 기대 반을 했던 것 같다.

그런데 한국에서 살던 집보다 더 좋은 집에서 살게 되자 한편으로는 안심이 되고, 다른 한편으로는 낯선 곳에서 외국인으로 살아간다는 사실에 들떠 있었다. 보통 아이들 같으면 낯선 환경에 맞닥뜨리면 불안감이 앞설 텐데, 우리 아이들은 생소한 환경에서 더욱 신이 나는 듯했다. 게스트하우스의 계단을 몇 번이나 오르락내리락했다.

낯선 땅에서 살아갈 기대를 하다

그러나 우리 앞에 놓인 현실은 꿈과 모험, 혹은 낭만과는 거리가 멀었다. 하필이면 우리가 온 그해 겨울부터, 그러니까 몽골에 온 지 6개월도 안 되어 환율이 급등하면서 전 세계의 금융 질서가 재편되었다. 그 여파로 몽골에서도 주거비와 생활 물가가 천정부지로 치솟았다. 그 이후로도 물가 상승세는 계속되어, 우리가 계획했던 예산과 후원으로는 그곳에서의 생활이 어려워졌다.

그런데도 우리는 한국으로 돌아갈 생각은 하지 않았다. 몽골에서 살아야 할 이유, 몽골에서 해야 할 일이 있었기 때문이다. 2003년 친구와 함께 몽골에 처음 왔을 때 설렘을 느꼈다. 이곳에서의 삶은 힘들지라도 나의 인생에서 더욱 값진 시간이 될 것이라는 기대감으로. 그래서 가족들을 열심히 설득했다.

그리고 몽골에 올 때 계획했던 것은 어떤 집에서 살고, 어떤 자동차를 타며, 아이들을 어떻게 교육시킬 것인가 같은 것이 아니었다. 아니, 그런 것은 전혀 생각하지 않았다. 그러니까 어느 정도 고생할 각오는 했다. 가족을 설득할 때도 몽골이 어떤 나라인가보다는 몽골에 왜 가는지, 그곳에서 나와 가족이 하려는 일이 얼마나 중요한지를 말했다. 울란바토르 외곽에 있는 공항에 도착할 때까지 우리가 준비한 것이라고는 캐리어 몇 개와 낯선 땅에서 살아갈 '마음의 준비'가 전부였다.

인생에서 고난을 겪는 것은 결코 나쁜 일이 아니다. 그 당시에 나는 우리 가족이 이곳에서 얼마나 고생을 하게 될지 상상도 못했다. 다만 한 가지 확실한 것은 몽골에서의 삶을 통해 가족 모두가 성장할 것이라는 믿음이었다.

울란바토르의 거리를 무작정 걷다

아빠

우리가 몽골에 왔을 때 마침 수족구병이 돌고 있었다. 이 병은 우리나라 같으면 1주일 정도 치료받으면 낫지만 당시 몽골에서는 의료 시설이 부족해 전국적으로 휴교령이 내려진 상태였다.

그리고 곧 방학이라 개학을 하는 9월까지는 몇 개월의 여유가 있었다. 우리 가족에게는 뜻밖의 '휴가'가 생긴 셈이다. 몽골에 가면 해야지 하고 계획했던 일 중 하나가 무작정 걷기였다. 무작정 걸을 수 있는 절호의 기회였다.

우리는 매일 아침 눈만 뜨면 아침을 먹고 밖으로 나갔다. 수족구로 휴교령까지 내려졌는데도 그 병이 얼마나 심각한지 깨닫지 못했다. 만에 하나 병에 걸리더라도 병원에 가면 낫겠지 하고 대수롭지 않게 생각했던 것 같다.

거리와의 낯익히기를 하다

아내와 내가 몽골어 수업을 듣는 시간을 제외하고는 온 가족이 시내 이곳저곳을 걸어다녔다. 낯선 곳에서 생활하려면 먼저 그곳의 지리를 알아야 한다고 생각했다. 이른바 거리와의 낯익히기가 시작된 것이다. 때로는 방에 커다란 울란바토르 시내 지도를 붙여놓고는 구획을 정해서 걸어다니기도 했다.

거리는 넓고 반듯반듯해서 길을 잃을 염려는 없었다. 다만 교통 법규가 거의 소용이 없다시피 해서 길을 건널 때 바싹 긴장을 해야 했다. 몽골의 도로는 사람보다 차가 먼저라는 인식 때문에 매우 위험했다.

거기다 몽골의 계절은 변화무쌍하다. 1년 중 6~7개월이 겨울인데, 그중에는 추운 겨울, 입술이 얼어버려 춥다는 말도 못할 정도로 아주 추운 겨울이 있다. 영하 40도까지 내려가는 그야말로 무시무시한 추위가 두 달 동안 지속된다. 우리가 몽골에 도착했던 5월은 하루에도 눈이 오다가 진눈깨비가 내리고 다시 비가 흩뿌리는 등 변화무쌍한 날씨였다.

먼지가 흩날리는 6월이 지나면 영상 40도까지 올라가는 짧고 강렬한 여름이 시작된다. 뜨거운 태양열 아래 잠깐이라도 서 있으면 금방 얼굴이 붉게 익고 일사병에 쓰러질 지경이 된다. 그러나 건조한 기후 탓에 그늘진 곳에 들어가면 다시 가벼운 담요가 필요할 정도로 서늘하다. 그래서 뜨거운 여름날에는 머리 꼭대기가 뜨거워지면 시

원한 건물 안으로 들어갔다가 열기를 식히고 나와서 걷곤 했다.

우리 가족의 걷기는 지리를 어느 정도 익힌 그해 겨울에도 계속되었다. 겹겹이 입어 중무장을 한다 하더라도 밖에서는 10여 분 이상을 가만히 서 있기가 어렵다. 그나마 발을 동동 구르듯 열심히 걷다보면 몸에 열이 생기는데 우리는 등에 땀이 날 정도로 열심히 걸었다. 1주일에 한두 번은 두세 시간씩 걸었다.

걸으면서 가족과 교감을 나누다

우리는 왜 이렇게 걸었을까? 한국에서와 달리 육식 위주의 식단이라 운동도 해야 했지만, 그보다는 우리가 앞으로 살아갈 그곳을 세세하게 알아둘 필요가 있어서였다. 외국에서 살다보면 언제 무슨 일이 생길지 모르지 않나. 그렇게 한 시간쯤 걷다보면 시내 곳곳이 머릿속에 환하게 들어온다.

가끔 차를 타고 시내를 벗어나 한 시간쯤 더 들어가면 시내와는 전혀 다른 새로운 풍경이 펼쳐졌다. 우리나라의 70년대, 혹은 우리가 어렸을 때의 시골 풍경이었다. 몽골에는 아직도 누나가 동생을 업고 다니고, 시골 아주머니가 옆집 살림을 살펴주는 훈훈한 인심이 살아 있었다.

외식을 하는 재미도 무엇보다 컸다. 한국에서 먹었던 것과 똑같은 맛의 짜장면과 짬뽕, 탕수육을 먹을 수 있는 중국집을 발견하면 발걸음을 멈추고 들어가곤 했다. 때로는 맛있고 뜨끈한 국물이 있는 일본식 우동집이나 한국 사람이 운영하는 빵집이 집에 돌아오기 전에 들르는 휴게소가 되었다. 어쩌면 몽골 겨울의 매서운 칼바람과 얼음으로 뒤덮인 거리를 묵묵히 걸을 수 있는 용기와 희망을 준 것은 바로 이런 짜장면집이나 우동집이 아니었나 싶다.

찬혁이는 지금도 가끔씩 '보츠'(몽골의 만두)가 먹고 싶다고 하는데, 그것은 맛 때문이 아니라 그 만두가 불러온 추억 때문일 것이다. 지금 몽골 음식점에 가서 만두를 먹은들 그때의 맛이 날까? 한 가지 더 보너스로 얻은 것은 이렇게 걸어다니는 동안 이웃과 대화할 수 있는 수준의 몽골어를 익히게 되었다는 사실이다.

우리 가족은 몽골에서 정말로 많이 걸었다. 걷기의 좋은 점은 많은 교감을 나눌 수 있었다는 것이다. 우리는 걸으면서 집에서 못다한 이런저런 이야기를 나누었고, 추울 때는 손짓 발짓으로 대화를 하기도 했다. 굳이 말을 하지 않아도 좋았다. 낯선 나라의 거리를 가족이 함께 팔짱을 끼거나 손을 잡고 걷는다는 것만으로도 마음이 따뜻해졌다. 우리는 하나라는 연대감도 더욱 강해졌다.

몽골의 한국 학교에서 영어를?

엄마

MK스쿨. 수현이와 찬혁이가 다니게 된 학교는 20여 년 전 몽골의 개방과 함께 들어온 한국인 선교사가 세운 곳이다. 비슷한 시기에 몽골에 입국한 한국인 선교사를 비롯해 사업 등의 이유로 온 한인 가정의 자녀들을 교육하기 위해 대안학교처럼 세워졌다. 지금은 한국의 교육부로부터 정식 인가를 받아 한국과 동일한 교육과정으로 수업을 진행하고 있다. MK스쿨은 몽골인 입장에서 보면 특수한 외국인 학교지만, 한국인인 우리 입장에서 보면 한국 학교와 다를 바 없다. 다른 점은 해외에 있다는 특성을 고려해 영어와 몽골어 수업의 비중이 크다는 것이다.

몽골에 갈 계획을 세울 때부터 아이들을 MK스쿨에 보낼 생각이어서 교육에 대해서는 그다지 고민하지 않았다. 9월이 되어 몽골에서의 첫 가을이 시작되었을 때 학교도 개학했다. 수족구병의 위험도 어느 정도 사그라진 상태였다. 스쿨버스를 타고 등교하게 되자 아이들, 특히 수현이의 자부심은 하늘을 찌를 듯했다. 한국에서는 스쿨버스를 타본 적이 없었기 때문이다.

'학교에 가는데 스쿨버스를 탄다. 학교에서 영어로도 수업한다. 몽골인 아이(정확하게는 부모 중 한 사람이 한국인인 다문화 가정의 아이)도 있는 외국인(우리는 외국인) 학교다.'

수현이의 이런 생각을 뒤집어보면 한국에서와는 환경이 전혀 다르기 때문에 어려움이 예상되었다. 그러나 수현이와 찬혁이는 기대에 차 해맑은 얼굴로 학교로 향했다. 반년 동안 가족의 품에 있었는데, 이제부터는 멋진 학교에서 낯선 친구들이 기다리고 있지 않은가!

수업 시간에 꿀 먹은 벙어리가 되다

그런데 얼마 지나지 않아 학교는 아이들에게 두려움을 주는 곳으로 바뀌었다. 영어 때문이었다. 다른 과목은 수업을 듣고 숙제를 해가는 데 별 어려움이 없었는데 유독 영어만큼은 쉽지 않았다.

우리가 몽골에 가기 전까지만 해도 한국의 초등학교에서는 영어를 의무적으로 가르치지 않았다. 당연히 아이들은 알파벳도 제대로 배우지 않은 상태였다.

그러나 몽골의 MK스쿨에 다니는 한국 아이들은 사정이 달랐다. 영어 유치원에 다닌 아이도 있었고, 외국 생활을 염두에 두고 미리 영어를 익힌 아이도 많았다. 그러다 보니 영어 수업은 한국의 일반적인 초등학교와 비교할 수 없었다. 수업 수준이 높고 영어 선생님은 필리핀 사람이었다. 거기다 영어 수업 시간에는 한국어를 사용하지 못하도록 규칙을 정해놓고 있어서 영어가 아니면 선생님과 친구들에게 질문하는 것도 허용되지 않았다. 찬혁이와 수현이에게 처음으로 최대의 고비가 찾아온 것이다. 이것은 나도 예상치 못한 일이었다.

특히 찬혁이는 첫 영어 수업 때부터 충격을 받은 것 같았다. 찬혁이는 풀 죽은 얼굴로 집에 돌아왔다. 나는 조심스럽게 물었다.

"찬혁아, 학교 어땠니?"

"수업을 하나도 못 알아듣겠어요. 어떡하죠?"

미국 초등학교 3~6학년 수준의 교과서 내용이었다. 우리가 보아도 어려웠다.

"모르는 게 있으면 선생님이나 친구들에게 물어봐."

"질문도 영어로 해야 해서 자신이 없어요."

남편과 내가 이렇게 말해도 찬혁이는 그게 잘 안 되었다. 좀 유들유들한 아이라면 "플리즈, 슬로, 슬로"라고 콩글리시라도 하며 수업에 재미를 붙일 텐데 말이다.

찬혁이는 몇 달 동안 영어 때문에 끙끙 앓았다. 평소에는 친구들과 떠들며 재밌게 놀고 다른 과목의 수업에는 흥미를 갖는 것 같았으나 유독 영어 수업만 시작되면 꿀 먹은 벙어리가 되었다. 특히 필리핀인 영어 선생님이 자신을 지적하면 귀에 아무 소리도 들리지 않는다고 했다. 아이에게는 영어 자체도 스트레스였지만, 그렇게 지적당하는 것이 더 큰 스트레스였다.

"영어 꼭 해야 하는 거예요?"

영어 숙제를 하다가 힘들 때면 찬혁이는 이렇게 하소연을 했다. 다른 과목에 비해 영어 숙제를 하는 시간이 몇 배로 더 들었지만 제대로 숙제를 하지 못했다. 혼자서 끙끙거리는 모습이 안쓰러워 도와주려고 해도 번번이 거절했다. 혼자서 어떻게든 해보려고 한 것이다.

얼렁뚱땅도 때로는 하나의 능력이다

그에 비해 수현이는 영어 숙제를 어려워하지 않았다. "숙제가 짜증 나." "숙제가 하기 싫어!" 같은 말도 하지 않았다.

그래서 궁금해서 넌지시 물었다.

"수현아, 숙제는 해가니?"

"예. 잘 해가고 있어요."

"혼자서 괜찮니? 안 도와주어도 되니?"

"예. 모르면 친구들에게 물어봐서 다 해요."

나는 수현이가 숙제를 못 해간다고 해도 야단칠 생각은 없었다. 모르니까 못 해갈 수도 있지 않은가. 찬혁이도 어려워서 전전긍긍하는 숙제를 수현이는 비교적 쉽게 끝냈다. 그뿐만이 아니다. 수현이는 수업 시간이 재미있다고 했다.

'못 알아듣기는 찬혁이랑 마찬가지인데 어떻게 재미있을 수 있을까? 중학교 1학년인 찬혁이에 비해서 초등학교 4학년인 수현이의 수

업 내용이 쉬워서 그런 걸까? 혹시 수현이가 영어가 너무 어려워서 완전히 포기한 건 아닐까?'

이런 엉뚱한 생각마저 들 정도였다.

사실 찬혁이와 수현이에 대한 나의 기대치가 달랐다. 나도 모르는 새 수현이는 낙제만 하지 않으면 다행이라는 생각을 하고 있었다. 그런데 수현이는 어리지만 지혜롭게 대처하고 있었다.

"모르는 건 친구들한테 물어봐요. 그럼 친구들이 도와줘요."

수현이의 친구들도 찬혁이 친구들과 마찬가지로 어릴 때부터 영어 교육을 받아서 영어로 읽고 쓰고 말을 하는 데 별 어려움이 없었다. 수현이는 친구들의 도움으로 쉽게 숙제를 해결하고 있었던 것이다. 또 눈치가 빨라서 선생님이 하는 말을 대충 알아듣는다고 했다. 원래 수현이는 찬혁이처럼 완벽주의 성향이 아니라서 무슨 일이든 얼렁뚱땅 하는 편이다. 공부도 그렇게 하니까 찬혁이처럼 스트레스를 받지 않았다. 수현이를 보면서 '대충, 얼렁뚱땅'도 하나의 능력이 될 수 있겠구나 생각했다.

더 이상 학교가 즐겁지 않다

나는 찬혁이를 격려하고 싶은 마음에 이렇게 말했다.

"찬혁아, 외국에 오면 다들 겪는 문제야. 몇 달 지나면 괜찮아질 거야."

"예, 알아요."

하지만 MK스쿨에 다니는 1년 동안 찬혁이의 영어 실력은 더 나아지지 않았다. 주위에서는 영어 과외를 시켜보라고 권유했지만, 한국에서도 하지 않은 과외를 여기에 와서 한다는 게 내키지 않았다. 그럴 만한 경제적 형편이 되지도 않았지만 말이다. 영어에 대한 스트레스가 해결될 기미가 보이지 않자 아이들은 다른 과목에 대해서도 점차 흥미를 잃기 시작했다. 아이들에게 학교는 더 이상 즐거운 곳이 아니었다.

교육이라는 줄타기에서 중심 잡기

엄마

아이들 교육 문제는 한국에서나 몽골에서나 정답이 없었다. 우리 가족이 몽골에 간다고 하니까 주위에서 하나같이 '선진국도 아닌 곳에 가서 아이들 공부는 어떻게 시키려고?' '공부 준비 단단히 해가라'는 반응을 보였다.

몽골에 사는 한국인 엄마들의 고민도 한국의 엄마들과 다르지 않았다. 엄마들은 아이들에게 학교 수업 외에도 과외를 한두 가지씩 받게 했다. 주로 과외 선생님이 집을 방문하여 아이에게 일대일로 가르치는 방식이었다. 영어, 몽골어와 같은 언어와 피아노, 바이올린, 첼로, 미술, 태권도와 같은 악기 및 예체능, 더러는 과목별로 과외를 받는 아이들도 있었다. 발레 같은 경우엔 교습소에 보내 배우게 했다. 아무것도 하지 않은 아이들은 한국에서나 몽골에서나 우리 아이들밖에 없는 듯했다.

찬혁이가 영어 때문에 밤에 잠을 늦게 잘 때는 살짝 걱정이 되기도 했다. 키가 크려면 잠을 많이 자야 하는데, 숙제가 번번이 늦게 끝나니 잠자는 시간도 늦어졌다.

"찬혁아, 한국에서 학원을 좀 다닐 걸 그랬니? 영어가 너무 어렵지?"

"괜찮아요. 지금 열심히 하고 있으니까 곧 따라잡겠지요."

찬혁이는 제법 의젓하게 말했다.

닥치면 하겠지!

사실 나는 한국에 있을 때 영어를 그리 걱정하지 않았다.

'우리 아이들이 모자란 아이들도 아닌데, 왜 못 따라가겠어? 하려고 마음만 먹으면 하겠지.'

만약 걱정이 되었다면 한국에 있을 때부터 영어 학원에 보내거나 몽골에 가겠다고 결정한 뒤에라도 학원에 보내서 속성으로라도 시켰을 것이다. 영어를 모르면 안 된다는 것 정도는 알고 있었지만, '닥치면 하겠지'라는 믿음이 있었다. 그러니 평소에는 얼마나 느긋했겠는가. 한국에 있을 때 찬혁이와 수현이는 영어, 수학 학원 문턱을 넘어보지 않았다. 특히 영어는 2008년부터 학교에서 의무적으로 가르친다고 해서, 몇 년 전부터 앞집 윗집 아랫집 할 것 없이 아이들을 모두 학원에 보내고 있었다. 뿐만 아니라 우리 아이들도 학원에 보내라며 나와 남편보다 더 많이 걱정했다.

"대한민국의 학원 다 없어져야 해."

다소 과격하게 들리겠지만, 나는 간혹 이웃 엄마들과 대화할 때 이렇게 말하기도 했다. 학교에서 공부를 해야지 왜 학원에서 미리 배워서 가는가? 학원에 가느라 부모와 함께 지내는 시간이 더욱 줄어드는데 꼭 그렇게 해야 할까? 아이들을 학원에 보내지 않아 나는 세상 물정 모르는 사람으로 찍혔다.

"영어를 꼭 배워야 해."

"수학은 지금 따라가지 않으면 안 돼."

다른 엄마들의 이야기를 들으면 지금 당장 과외를 시키지 않으면 큰일 날 것 같았다. 그 당시에 찬혁이네 반 아이들 중에 학원에 가지 않는 아이가 찬혁이를 포함해서 한두 명 정도밖에 없었다. 혼자 놀기 심심해진 찬혁이는 급기야 "엄마, 저도 학원에 보내주세요"라고 말한 적도 있다. 그런데 찬혁이가 학원에 가고 싶어 한 것은 공부를 하기 위해서가 아니라 친구와 놀기 위해서였다.

'한두 달이라도 보내서 찬혁이에게 학원이 어떤 곳이라는 걸 경험하게 해야 하나?'

그때 마음이 조금 흔들리긴 했지만, 나는 끝내 찬혁이를 학원에 보내지 않았다. 찬혁이보다 세 살 어린 수현이는 더더욱 학원에 보낼 엄두를 내지 않았다. 국어 받아쓰기를 30~40점 받아오는 초등학교 1학년짜리에게 가장 필요한 것은 영어가 아니라 국어라고 생각했으니까. 나의 이런 생각들이 아이들한테 알게 모르게 영향을 미쳤을 것이라고 생각한다.

"엄마, 전 잘한 거예요. 0점 받은 아이도 있어요."

초등학교 1학년 때 치른 첫 받아쓰기에서 수현이는 30점을 받고 당당하게 돌아와서는 생글거리며 말했다. 수현이의 천연덕스러운 반응이 재미있었다. 한편으로 내가 잘하고 있다는 확신이 들었다.

수현이는 한글도 늦게 떼었다. 다른 사람들은 아이가 네다섯 살만 되면 한글 떼기를 시작하는데, 나는 일곱 살 때 시작해서 초등학교 입학할 때 겨우 떼서 보냈다. 어린이집 선생님을 하는 내 동생이나 수현이 친구 엄마들의 말을 들으면 당장 네다섯 살짜리 수현이를 붙들고 기역, 니은부터 가르쳐야 했지만, 나는 책만 읽어주고 간혹 한 글자씩 짚어주는 정도였다. 그러다가도 "수현이가 아직 한글을 못 읽어?"라고 주위 사람들이 한두 마디씩 하면 나도 모르게 조금 걱정이 되어 이렇게 스스로에게 되묻곤 했다.

'진짜 내가 잘못하고 있나? 한글을 안 가르치는 게 이상한가?'

공부는 때가 되면 한다

이때 중요한 것은 엄마가 중심을 잘 잡는 것이다. 우리 집은 아이들을 학원에 보낼 만큼 넉넉하지 않았지만, 설령 형편이 넉넉했어도 보내지 않았을 것이다. 아무리 생각해도 그 시기의 아이들에게 가장 좋은 것이 공부이고, 이 세상에서 배워야 하는 것들 중에서 영어와 수학 같은 공부가 가장 좋은 것이라는 확신이 들지 않아서다. 그리고 배워야 한다면 가장 필요한 것부터 부담이 가지 않는 범위에서 배워야 한다고 믿었다.

시험에 대해서도 마찬가지였다. 시험 점수를 잘 받는 것보다 평소에 재미있게 공부를 하는 게 더 중요하다고 생각했다. 그래서 시험 전날 찬혁이는 자기 스스로 문제집을 풀었지만, 수현이는 평소와 다름없이 나와 놀았다. 한국에서 찬혁이에게 '공부하라'는 말을 거의 해보지 않았다. 학기가 바뀌면 문제집을 사주기는 했지만 찬혁이가 끝까지 푼 적은 거의 없었다. 공부를 시키지 않은 걸 자랑하는 게 아니다. 다만 공부를 하더라도 스스로 하고 싶을 때 하도록 두라는 말이다.

'공부는 때가 되면 하고, 공부 때문에 스트레스 안 받기.'

우리가 이렇게 생각하다보니 아이들도 공부에 대해서 한 번도 스트레스를 받지 않고 자랐다. 이런 까닭에 몽골에서 정작 공부를 해야 하는 상황이 되자 힘들어했지만, 그래도 하지 않으면 안 된다는 생각을 하자 어렵더라도 따라간 것이다.

결과만 놓고 보면 다른 아이들이 몇 년에 배울 영어 공부를 찬혁이는 1년 만에 따라잡은 셈이 되었다. 이제는 누가 뭐라고 하지 않아도 스스로 공부를 해야 할 때라는 인식, 바로 그것이 공부의 길잡이 역할을 해주는 게 아닐까.

덜컥 홈스쿨링을 결정하다

아빠

〈K팝 스타 2〉로 아이들이 유명세를 타자 아이들이 한 홈스쿨링도 덩달아 주목을 받았다. 사람들은 홈스쿨링이 아이들을 자유롭고 창의적으로 키웠다고 생각한 모양이었다. 공교육에 대한 실망이 홈스쿨링에 대한 호기심으로 나타난 것은 아닐까?

사실 우리는 홈스쿨링을 하고 싶어서 한 게 아니다. 가능하면 아이들을 학교에 계속 보내고 싶었지만 학비 부담을 이기지 못해 학교를 그만 다니게 했다. 한국에서 보내오는 후원금으로만 생활해야 하는 우리로서는 생계유지를 위한 주거비나 식비가 가장 우선적인 지출 순위였고, 그다음이 아이들 교육비였다. 그리고 옷이나 기호품은 가장 마지막이었다.

우리가 몽골에 온 지 얼마 되지 않아서 1달러당 1,000원 정도이던 환율이 1,500원대까지 치솟았다. 그러다 보니 주거비와 식비가 대폭 늘어나 도저히 학비를 감당할 수 없게 되었다. 당시에 MK스쿨에 내야 하는 두 아이의 학비는 한 학기에 400달러 정도로 영어권 인터내셔널 스쿨보다는 훨씬 쌌지만, 몽골 현지인 학교에 비하면 많이 비싼 편이었다. 딱 1년 학교에 다니게 했을 뿐인데, 학비가 가계에 주는 압박이 컸다.

우리만 하는 게 아니었기에 용기를 내다

아내와 나는 홈스쿨링을 결심하고 아이들한테 말했다.

"얘들아, 우리 홈스쿨링을 하는 건 어때? 학교 다니는 건 재미있기도 하지만, 영어 때문에 어렵기도 한 게 사실이잖니? 그럴 바에는 우리에게 필요한 공부를 재미있게 할 수도 있잖아. 영어는 영어대로 하고, 다른 공부도 하면 더 재미있지 않을까?"

"좋아요. 우리는 학교에 안 가도 돼요."

아이들은 새로운 환경을 거부감 없이 받아들였다. 아이들에게 홈스쿨링에 대해서 '장밋빛 환상'을 심어준 말이기도 했지만, 우리의 숨은 생각이기도 했다. 아이들에게 이야기를 처음 꺼냈을 때는 몽골에서 우리와 같은 환경에서 우리와 같은 이유로 홈스쿨링을 하는 사람들이 많았다. 우리만 하는 것이 아니었기에 더 용기를 낼 수 있었을 것이다.

아이들은 학교에서 여전히 영어에 부담을 느끼고 있었다. 홈스쿨링을 시작하면 숙제를 하느라 밤 12시까지 끙끙거려도 다 못해서

다음 날 선생님한테 혼나는 상황에서는 졸업하게 되겠지만, 그렇다고 스트레스가 완전히 사라지지는 않을 것이다.

아이들에게 홈스쿨링을 하자며 말은 그럴듯하게 했지만, 막상 아이들이 학교에서 마지막 수업을 하고 돌아온 날엔 아이들에 대한 안쓰럽고 미안한 마음을 감추기가 어려웠다.

1년차는 영어에, 2년차는 검정고시에 집중하다

어떻게 아이들과 홈스쿨링을 할 것인가? 이건 나에게 주어진 숙제였다. 홈스쿨링에 대한 사전지식이 없었고, 어떻게 해야 할지 전혀 모르는 상태에서 덜컥 홈스쿨링을 하자는 결정부터 했으니 시행착오가 따를 수밖에 없었다.

우리는 고등학교 과정까지 홈스쿨링을 할 생각은 없었다. 여건만 된다면 아이들이 원하는 대로 다시 학교로 돌려보낼 생각이었다. 하지만 우선은 눈앞에 닥친 문제를 해결하기 위한 2년 과정의 홈스쿨링을 계획했다. 학교로 돌아가려면 반드시 영어를 익혀야 했기 때문에 첫 1년은 영어에 집중했다. 2년차는 졸업학력 검정고시를 대비하는 시기로 삼았다. 당장은 홈스쿨링에 동의했지만, 아이들은 또래 친구들에게 뒤처지지 않는 학년으로 다시 학교에 복귀하기를 바랐기 때문이다.

나는 아이들에게 미안한 마음을 덜기 위해서 열심히 홈스쿨링을 준비했다. 여기저기 발품을 팔아서 교재를 마련했다. 선교사 자녀들을 위해 비공개로 운영하는 인터넷 강의 사이트를 소개받기도 했다. 교과서는 MK스쿨에서, 참고서는 한인회 쪽에서 지원을 받았다.

학교 수업 방식을 따르다

홈스쿨링이 처음인 우리는 가장 익숙한 방식을 따르기로 했다. 학교에서 하는 수업 방식 그대로 수업 시간과 휴식 시간을 나누고 지켰다. 아침 6시에 일어나 거실에 모여 함께 성경을 읽고 묵상을 하면 8시, 씻고 아침밥을 먹고 나서는 학교에서와 마찬가지로 9시 즈음에 수업을 시작했다. 점심을 먹고 저녁식사 전인 6시까지 수업을 계속했다. 그리고 저녁식사를 하고 나서 두 시간 정도 각자 하고 싶은 일을 하고 일기를 썼다. 잠자리에 들기 전에 가족이 모두 거실에 모여 하루 동안의 일을 반성하며 감사하는 내용으로 30여 분의 가족 모임을 마치고 나서야 비로소 하루의 일과가 끝났다. 나름대로 규모 있고 체계적인 홈스쿨링의 모습을 갖춘 듯했지만 나중에 보니 마치 한국의 스파르타식 기숙학원과 다를 바 없었다.

우리의 홈스쿨링에서 하루 종일 아이들을 가르친 건 우리 부부나 다른 외부 강사가 아니었다. 오직 조그맣고 화질이 좋지 않았던 우리 집 컴퓨터 모니터에 등장하는 EBSⓔ 선생님과 칠판식 강의에서 흘러나오는 강사의 목소리였다. 처음에야 신기하고 흥미로운 마음으로 시작했겠지만, 아이들이 어디 오래 버티겠는가! 방에서 혼자 컴퓨터만 들여다보고 공부해야 하는 것이 재미있을 리가 없다.

무엇보다 우리 홈스쿨링에는 아이들이 가장 필요로 하는 또래 친구가 없었다는 것이 가장 큰 어려움으로 다가왔다. 그러나 이 어려움을 우리는 어떤 식으로든 또 넘어야 했다. 학교에 당장 보낼 수 있는 형편이 아니었기 때문이다.

하고 싶은 일이 할 수 있는 일이 되기 위해서는 해야 할 일이 있다

아빠

한국에서 공부와의 전쟁을 벌이고 있는 이는 학생만이 아니다. 부모도 마찬가지다. 우리는 몽골에 가기 전까지는 아이들에게 공부에 대한 스트레스를 최대한 주지 않으려고 했다. 그러나 홈스쿨링을 하면서 어쩔 수 없이 스트레스를 주게 되었다. 내가 아이들한테 요구한 것은 단 한 가지였다.

'공부할 시간에 공부하고 놀 시간에 놀아라!'

그것을 지키기가 무척 어렵다는 것을 잘 안다. 게다가 어쩔 수 없이 시작한 홈스쿨링이었기 때문에 그에 대한 미안함과 책임감 또한 컸다. 그러다 보니 더욱 철저하게 홈스쿨링을 하려고 했다. 나는 하루 종일 교재를 찾느라 인터넷에 매달려 살았다. 내가 먼저 확인해 보고 아이들에게 자료를 주었기 때문이다. 무엇을 언제 공부해야 할지는 아이들이 스스로 선택해서 계획표를 짜도록 했지만, 그 계획표에 콘텐츠를 채워넣는 일은 나의 몫이었다. 나는 행여나 아이들의 시간을 낭비하지는 않을까 고심하며 시간표에 할 일들을 꽉꽉 채워넣었다. 그리고 그것은 매일 혹은 매주 내가 해야 할 중요한 일이 되었다.

공부할 시간에 공부하고 놀 시간에 놀아라

하지만 이 시간표에 맞춰서 생활하자니 아이들이 놀 시간이 별로 없었다. 특별히 공부할 거리도 없으면서 아이들을 책상 앞에 매어두는 꼴이 되기 일쑤였다. 그러니까 아이들이 딴짓을 할 수밖에…….

그러면 나는 호통을 쳤다.

"친구들은 열심히 공부하고 있는데, 너희는 지금 이러고 있으면 어떡해?"

이 아이들이 나중에 커서 어떤 사람이 되고, 무슨 일을 할까, 그때는 이런 생각보다 아이들을 지금 이대로 방치하면 안 되겠다는 조급함이 앞섰다. 그러다 보니 나는 계속 감시하는 사람이 되어 아이들이 딴짓을 못하게 일일이 체크했다. 이에 대한 스트레스가 커서 아이들이 숨 막혀 했다.

'홈스쿨링으로 아이들을 잘 가르치고 훌륭하게 키울 수 있을까?'

만약 그때 잘 키울 수 있을 것이란 확신이 있었다면 그렇게까지 하지는 않았을 것이다. 홈스쿨링에 대한 철학 없이 시작하다보니 학교에 다니는 아이들과 비교하며 초조해했던 것이다. 우리 입장에서 홈스쿨링은 일종의 임시변통이었다. 어쩔 수 없이 학교를 그만두고 홈스쿨링을 하지만 형편이 나아지면 다시 학교에 보낼 계획이었으니까.

"학교에 다니는 아이들보다 공부가 처지는 건 싫어요. 열심히 하고 싶어요."

우리가 철저하게 홈스쿨링을 관리한 것은 찬혁이의 이런 욕심 때문이기도 했다. 찬혁이 역시 나와 마찬가지 심정이었을지도 모른다. 그러다 보니 부모로서 최대한 도울 수 있는 것은 도와야겠다는 마음에 더 감시하고 압력을 가했는지도 모른다.

논리적으로는 나의 말이 백번 맞다. 자신이 하겠다고 약속했기 때문에 찬혁이는 홈스쿨링 시간과 그날의 공부 양을 채워야 한다. 하지만 나조차도 지금 다시 그때와 똑같이 하라면 못할 것이다. 하루 종일 교재를 찾는 나도, 내가 찾아낸 많은 교재로 공부하는 아이들도 행복하지 않았다. 나는 아이들에게 미안하고 아이들도 나에게 미안해했다. 공부할 시간에 공부하고 놀 시간에 놀라는 말은 그러니까 미안한 말이었다. 공부는 해야 하지만 그렇다고 굳이 강요할 필요는 없었던 것이다.

하고 싶은 일이 할 수 있는 일이 되기 위해서는 해야 할 일이 있다

'하고 싶은 일이 할 수 있는 일이 되기 위해서는 해야 할 일이 있다.'

아마 홈스쿨링을 하면서 아이들에게 가장 많이 했던 말일 것이다. 아이들 스스로 공부에 대한 동기부여를 할 수 있고, '이상과 현실'을 접목시킨 의미 있는 말이지 않나 싶다. 갖고 싶은 것을 갖고, 하고 싶은 일을 현실로 이루어내기 위해서는 대가를 지불해야 한다. 그래야만 내가 원하는 결과, 즉 꿈꾸는 이상에 가까워질 수 있다는 말이다. 그러나 이 말이 어느 순간부터 먼저 공부하고 놀라는 말을 그럴듯하게 포장한 것이 되어버렸다.

나는 찬혁이에게 대학에 굳이 가지 않아도 괜찮다고 했다. 꿈을 이루는 방법은 여러 가지이며, 그 방법을 선택하는 것은 어디까지나 자신에게 달렸다고 말이다.

"다른 아이들이 다 간다고 해서 마지못해 가는 거라면 대학에 가지 않아도 돼."

"단지 그런 이유 때문이 아니에요. 저는 대학에 가고 싶어요."

"그럼 먼저 검정고시를 쳐서 대학 입학 자격을 얻어야 해."

"예. 검정고시를 치겠어요."

이렇게 해서 찬혁이와 나에게 '검정고시'는 눈앞의 목표, 공부는 필요악이 되어버렸다. 사실 진짜 목표는 다른 것이고, 공부는 필요선인데 말이다.

분명 자신의 목표를 이루기 위해서는 꼭 해야 하는 일들이 있다. 나는 단지 그것을 먼저 하고, 뒤에 하고 싶은 것을 하라는 말이었다. 그런데 어느 순간, 내가 말한 의도와는 전혀 다른 뜻으로 아이들이 받아들였다.

수현이는 내가 방에 들어가면 겸연쩍게 씩 하고 웃었다. 보통 때

같으면 "아빠, 잠깐 못 봤는데도 무척 보고 싶었어요!"라고 생글거리며 애교를 부렸을 텐데 말이다. 찬혁이는 무표정한 표정으로 긴장을 감추려고 했다. 아이들은 멍하니 있거나 오락을 하는 등 딴짓을 하고 있었던 것이다.

부모 마음 편하자고 하는 생각!

아이들이 홈스쿨링을 하게 되면서 아내와 나도 바뀌기 시작했다. 모든 관심이 아이들에게 쏠렸다. 그리 넓지도 않은 집에 네 명이 함께 있다는 것 자체가 어떻게 보면 스트레스다. 무엇을 하고 있는지 기척이 느껴지기 때문이다. 게다가 집이 허술하게 지어져서 연필을 사각거리며 쓰는 소리가 옆방에서 들릴 정도였다.

나와 아내의 눈과 귀는 자꾸 수현이와 찬혁이가 공부하는 방으로 향했다. 홈스쿨링을 결정하고 집의 구조를 바꾸었다. 아이들이 공부하기 좋게 만들어준다고 방 하나에다 책상을 나란히 붙여버린 것이다.

"어디 가니?"

"물 먹으려요."

"어디 가니?"

"화장실에요."

아이들이 움직일 때마다 "어디 가니?" 소리가 절로 나왔다.

우리는 그때 몰랐지만 반대의 상황도 가능했다. 아이들이 엄마와 아빠가 무엇을 하는지 알고 있었으리라는 것이다. 아이들이 공부를 할 때 나는 나대로, 아내는 아내대로 일을 했다. 나의 일은 아이들이 공부할 자료를 뽑아주거나 사무적인 일을 처리하는 것이었다. 그러니까 서로에게 신경을 쓰면서도 무심한 척하기, 공부하는 척하기를 하고 있었던 것이다.

수현이와 찬혁이 또한 서로 무엇을 하는지 기척으로 알 수 있었다. 찬혁이가 오락창을 열면 수현이도 안심하고 오락창을 열었다. 아이들이 컴퓨터로 오락을 하고 있는 것 같으면, 나는 슬쩍 방문을 열고 들어가기도 했다. 그러면 후다닥 창을 닫느라 허둥거리는 기색이 느껴졌다. 아이들이 불편할까봐 모른 척한 날도 있고, 어떤 날은 현장을 급습해서 야단을 친 적도 있었다.

야단을 치면서도 안타깝고 미안한 마음이 앞서 속이 좋을 리 없었다. 아이러니하게도 나는 아이들이 공부를 열심히 해주었으면 했다. '학교에 다니지 않아 공부를 못한다'는 소리를 듣고 싶지 않아서다. 학교에 안 다니면 공부를 못하는 게 어쩌면 당연하다. 그런데도 그 사실을 받아들이고 싶지 않은 건 어떻게 보면 부모의 이기심이다. 부모 마음 편하자고 하는 생각!

규칙이 많은 우리 집

아빠

지금 생각해보면 우리 집엔 규칙이 참 많았다. 결혼 초기엔 우리 부부를 위해 필요했던 두세 가지의 규칙이 있었지만, 아이들이 생기고 또 아이들이 커갈수록 규칙도 점점 많아졌다. 부모 입장에서는 아이들을 위한 규칙이지만, 아이들 입장에서는 안 되는 것이 많은 '만만치 않은' 부모다.

한국에 있을 때는 초등학교 1, 2학년 아이들이 일본 귀신영화 등 공포영화를 보는 경우가 많았는데, 우리는 못 보게 했다. 그때는 아이들이 어려서 그다지 반발이 심하지는 않았다. 그만할 때는 무서운 게 재미있긴 하다. 요즘도 중학생들이 슬래셔 무비 같은 잔인한 공포영화를 많이 본다고 한다. 영화를 보고 난 아이들은 "아, 재미있어!" 혹은 "시시해!"라고 말한다. 살인이나 폭력을 지나치게 묘사해서 어른이 보기에도 망설여지는 이런 영화를 아이들은 어떻게 아무렇지도 않게 볼까? 요즘 청소년들이 폭력에 둔감해지는 이유는 분명 TV나 영화, 게임 등으로부터 받는 영향이 클 것이다.

나이에 맞는 프로그램이나 게임을 골라주다

우리 부부는 아이들이 TV나 컴퓨터 게임 등을 통해서 유익하지 않은 것을 접하는 것이 싫었을 뿐만 아니라 몇 시간씩 거기에 매달려 있는 것도 허락할 수 없었다.

"TV를 한 시간 보거나 컴퓨터를 한 시간 하는 것 중에서 하나를 선택해."

아이들에게 둘 중 하나를 선택하게 한 다음 프로그램이나 게임을 가장 나이에 맞는 것 안에서 고르게 했다. 우리는 아이들이 보지 말아야 할 항목들을 구체적으로 정해두었다. 당시 만화 케이블 TV에 나오는 애니메이션들이 선정적이고 폭력적이라고 생각했다. 짧은 치마에 커다란 가슴을 강조한 그림도 문제지만, 지나치게 선정적인 상황이나 대사도 눈에 거슬렸다. 아이들이 보고 싶어 한 〈짱구는 못 말려〉 〈원피스〉 같은 일본 만화영화는 초등학생을 위한 만화가 결코 아니었다. 찬혁이는 초등학교 3학년 무렵에 〈원피스〉를 꼭 보겠다고 했다. 아이들 사이에서 이 만화가 인기이다보니 안 보면 대화에 끼지 못한다고 했다.

"〈원피스〉에 나오는 캐릭터들이나 내용이 네가 보기에는 아직 이른 것 같다. 다음에 중학생이 되면 보게 해줄게. 중학생 정도는 되어야 볼 수 있는 만화야."

나는 이렇게 말하며 대신 그 또래에 맞는 다른 만화를 골라주었다.

찬혁이는 중학생이 되자 잊지 않고 〈원피스〉를 보고 싶다고 졸랐다. 그래서 다시 한 번 내용을 살펴보았지만 여전히 폭력성과 선정성이 마음에 걸렸다. 그래도 약속은 지켜야 해서 중3 때쯤 되어서야 그토록 소원하던 만화를 보도록 허락했다. 그때에도 찬혁이는 나에게 두 시간이 넘게 우려 섞인 당부의 말을 먼저 들어야 했다.

"이 만화를 볼 때 반드시 염두하고 조심해야 할 것이 있는데……."

찬혁이는 지금까지도 이 만화를 곱씹으며 읽고 있다.

가요 금지령을 내리다

몽골에서는 이런 규칙들이 더욱 많이 생겨났다. 찬혁이가 자라서 가정의 영향력을 벗어나는 시기와 맞물렸기 때문이기도 했다. PC방에 못 가게 하고, 가요 금지령을 내리고, 친구와 장시간 외출하는 것은 1주일 전에 미리 허락을 받아야 하고, 친구 집에서 외박을 하고 오는 경우엔 더 많은 제약이 따랐다. 우리가 이렇게 엄격하게 한 것은 아이들이 정서적으로 건강하고 균형 있게 자랐으면 하는 바람에서다. 이 부분에서 나와 아내는 이견이 없었다.

그런데 찬혁이는 다른 어떤 것보다 가요 금지령은 힘들어했다. 몽골의 우리 집에는 TV도 없고 인터넷도 느리다. 그래서 보고 싶은 프로그램이 있으면 인터넷으로 다운을 받아서 본다. 하루는 학교에서 돌아온 수현이가 말했다.

"아빠, 음악 방송 프로그램 중에서 아무거나 하나 보면 안 돼요?"

"왜?"

"아이들이 다 가요 이야기를 하는데 하나도 못 알아듣겠어요."

한국 가요를 친구들은 다 듣는데 수현이는 가요를 모르니 친구들과 대화가 통하지 않는다는 것이다. 수현이는 그전까지는 동요나 CCM만 들었다.

아이들의 고충이 이해가 되었다. 그렇게 해서 처음에는 아이들이 좋아하는 〈인기가요〉나 〈뮤직뱅크〉 같은 주로 아이돌이 나오는 TV 프로그램을 보았는데 여전히 거슬리는 점이 많았다. 그러다 우연히 〈나는 가수다〉를 보게 되었다. 이 프로그램은 내가 보기에도 이전의 프로그램과는 달라 보였다. 그때부터 온 가족이 함께 음악을 듣는 분위기가 만들어졌다.

사실은 나도 대중음악에 관심이 없지는 않다. 그래서 아이들에게 클래식이나 재즈 같은 다양한 음악을 들려주고 싶어 일부러 들려줘보았지만 아이들이 별 관심을 보이지 않았다. 그런데 대중가요에 대해서는 반응이 달랐다. 학교나 교회 등 어디를 가든 또래 아이들이 대중가요와 가수에 대해서 이야기를 하니까 그런 것 같았다. 아이들도 그 이야기 속에 끼고 싶었던 것이다.

그런데 아이들과 가요 프로그램을 보다보면 마음속으로 '우려'의 목소리가 들려왔다. 아이들은 아이들답게 자라야 하는데 노랫말이 부적절한 게 꽤나 있었다. 춤이나 의상도 우리가 보기에 선정적인 면이 많았다. 나는 한동안 고민하다 어렵게 말을 꺼냈다.

"가요를 안 들었으면 좋겠다. 특히 가요 프로그램 보는 거 금지다. 너희에게 좋은 영향을 줄 것 같지 않구나. 이건 엄마도 같은 생각이야."

여기에 대해 아직 어린 수현이는 반발이 크지 않았지만, mp3로 가요나 팝송을 듣는 재미에 빠져 있던 찬혁이는 반발했다. 한 번도 부모의 말에 반대 의견을 말하지 않던 찬혁이가 두 눈이 빨개진 채 따져 물었다. 그만큼 노래 문화가 아이들의 일상을 깊숙이 지배하고 있다는 증거였다.

부모가 가요를 금지시키는 이유에 대해서는 찬혁이도 인정했다. 문제는 다른 친구들은 다 듣는데, 자신만 못 듣는 것이 속상했던 것이다. 그렇다고 부모를 설득할 자신도 없었다. 그래서 속이 상한 나머지 눈이 빨개져서 눈물을 글썽였다. 그런 찬혁이의 모습을 보는 것은 마음이 아팠다.

"찬혁아, 네가 듣고 싶어 하는 노래가 꼭 우리가 반대하는 것이 아닐 수도 있잖니. 그러니 듣고 싶은 노래가 있으면 우리에게 들려줘. 그러고 나서 계속 듣는 게 좋을지, 아니면 듣지 말아야 할지 결정하자."

그 뒤 찬혁이가 추천하는 노래를 가족이 함께 들어보고 좋으면 허락했다. 반대로 우리 부부나 아이들의 이모가 먼저 듣고 찬혁이한테 추천하는 경우도 있었다. 멜로디가 아름답고 가사가 선정적이거나 폭력적이지 않은 노래들이었다. 장르는 록, 발라드, R&B 등으로 다양했다. 내가 좋아하는 유형, 아내가 좋아하는 유형, 이모가 좋아하는 유형 등 다양한 노래가 섞였다. 그렇게 골라낸 노래는 생각보다 많았다. 가족 간의 이런 '노래 공유'는 아마 찬혁이만의 취향을 만드는 한 요인으로 작용했을 것이다.

무엇보다 어린 나이지만 어떤 노래가 좋은 노래인가 하는 가치 기준을 만들었을 것이다. 세상을 바꾸는 노래도 많지만 세상을 병들게 하는 노래도 많다. 나는 노래가 되었든 말이 되었든 우리가 듣는 메시지에 의해 우리의 생각이 만들어지고 그 생각이 행동의 결과를 낳는다고 믿는다. 따라서 듣는 노래에 따라서 우리가 꿈꾸는 세상의 모습이 달라질 수 있다고 생각한다. 노래는 단순히 한쪽 귀로 듣고 한쪽 귀로 흘리는 문화 소모품이 아니다.

가요 금지령이 내려진 당시에는 찬혁이가 속이 상했을지 모르지만, 노래에 대해서 진지하게 생각해보는 계기가 되었을 것이다. 더불어 노래의 메시지에 대해서 곰곰 생각하고 판단하는 훈련도 되었을 것이다.

영어에 집중한
1년차 홈스쿨링과 코업

아빠

홈스쿨링을 시작한 지 2년 정도 지나니까 아이들이 이제는 진짜 학교에 가고 싶다고 말했다. 하지만 그때도 우리의 형편은 나아지지 않았다. 그제야 '한국에서도 아이들한테 공부, 공부 하지 않았는데, 정말 무식하게 홈스쿨링을 하고 있는 것은 아닌가' 하는 자각을 하기 시작했다.

'이건 누구를 위한 홈스쿨링인가? 이건 정말 아니다!'

나는 회의가 강하게 들었다.

애초에 홈스쿨링을 하겠다고 했을 때 아이들은 머릿속으로 상상한 그림이 있었을 것이다. 더 이상 영어 때문에 스트레스를 받지 않아도 되고, 집에서 재미있게 공부할 줄 알았을 것이다. 그런데 아빠는 갑자기 무시무시한 공부 괴물로 돌변해서 하루하루 엄청난 양의 과제를 내놓았다. 아이들은 속이 상해서 입이 쭉 나왔다.

2년 동안 나는 아이들의 공부에 눈이 멀다시피 했다. 대부분의 부모들은 목표 혹은 미래만 보는 것 같다. 아이들의 발밑을 살펴보아야 하는데 말이다. 나는 멀리 있는 목표, 검정고시를 바라보며 전력 질주하라고 채찍을 가하는 기수와 다를 바 없었다.

더욱이 가족들이 몽골에 오면서 영어를 해야 할 시기가 왔다는 것을 온몸으로 느꼈다. 그것이 본의든 본의 아니든 말이다. 찬혁이와 수현이가 영어를 못해서 받는 스트레스는 상당했다. 한 번도 영어뿐 아니라 다른 데서도 스트레스를 받아본 적 없는 아이들이다보니 감기가 아닌 독감처럼 그 순간은 호되었다.

영어 자가 학습 프로그램을 찾다

그러니 홈스쿨링을 결정했을 때 우리가 가장 우려한 것도 영어였다. 학교에서 배우는 것만큼 집에서도 배울 수 있을까 가늠해보면 솔직히 자신이 없었다. 그러나 달리 대안이 없었기 때문에 1년차엔 무조건 하루 종일 영어만 공부하기로 했다. 아이들도 학교로 돌아가기 위해선 영어라는 관문을 반드시 통과해야 한다는 사실을 잘 알고 있었다.

다행스러웠던 것은 홈스쿨링 1년차에 영어만 공부하기로 결정한 후 적절한 프로그램을 찾던 중에 〈EBSⓔnglish〉를 알게 되었다는 것이다. 오랜 시간과 많은 수고를 각오하고 찾기 시작했지만 의외로 가까운 곳에 내가 원하는 정보가 있었다. 인터넷 검색창에 '영어 프로그램'이라는 단어를 치자마자 나온 결과들의 상단에서 첫눈에 들어온 글씨를 클릭했는데, 오호라! '대한민국 국민들을 위한 무료 영어교육 프로그램'이라고 했다. 아동에서 일반인에 이르기까지, 초등학교부터 고등학교의 각 학년별로 초급, 중급, 고급 과정으로 맞춤 교육을 할 수 있는 자가 학습 프로그램이었다. 무엇보다 모든 콘텐츠가 '무료'였다.

나는 며칠간 콘텐츠의 질과 양을 확인해보고 또 우리 아이들에게 적합한 프로그램을 선택하기 위해 EBSⓔ 사이트 곳곳을 탐색했다. 그리고 〈방과 후 영어〉라는 프로그램을 최종적으로 선택했다. 완전 초급 상태인 우리 아이들이 매일 6시간 이상 읽기, 쓰기, 말하기, 독해, 문법 등 세분화된 영역으로 된 이 프로그램을 고등학생을 대상으로 설계된 고급 과정까지 마치려면 꼬박 1년 동안 학습해야 했다. 다양한 멀티미디어적 요소를 첨가한 시청각 콘텐츠와 함께 강사의 쉽고 재미있는 강의가 매우 마음에 들었다. 그래서 1년 동안 집에서 하는 영어 수업은 비교적 지루하지 않게 상당한 효과를 거두며 진행할 수 있었다. 우리 가족 모두 유치원 학생처럼 큰 소리로 따라 하며 나름 재미있게 했다.

영어를 사용하는 아이들의 홈스쿨링 네트워크, 코업

홈스쿨링 1년차가 끝날 즈음이 되자 한 가지 고민이 생겼다. 아이들의 영어 수준이 어느 정도인지 궁금했던 것이다. 문법은 자가 학습으로도 가능했지만, 말하기에는 분명 한계가 있었다. 자칫 문법은 잘 알지만 말은 한마디도 못하는 벙어리가 될 수도 있었다. 게다가 홈스쿨링 2년차에는 검정고시를 대비한 과목 공부도 병행해야 했는데, 그러다 보면 영어가 더 이상 늘지 않을 수도 있었다.

이런 불안감에 휩싸여 있을 때 누군가 코업(Co-op)이라는 곳을 소개해주었다. 그곳은 영어를 사용하는 아이들의 홈스쿨링 네트워크였다. 서너 살의 어린아이부터 고등학생까지 30~40명 정도 되는 아이들이 함께 학교생활을 했다. 특이한 점은 고정된 커리큘럼 없이 아이들의 관심사와 재능을 고려한 수업이 진행된다는 것이었다. 부모들이 돌아가며 주당 몇 시간씩 선생님이 되어 가르쳤고, 때로는 아이들 스스로가 선생님이 되어 수업을 이끌기도 했다. 커리큘럼도 그때그때 필요에 따라 구성되었다. 우리는 여기서 비로소 홈스쿨링이 어떻게 운영되어야 하는지에 대해 조금이나마 엿볼 수 있었다.

아이들에게 친구는
강력한 동기를 부여하는 존재다

아빠

코업 아이들은 아침에 학교에 왔다가 오후가 되면 집으로 돌아갔다. 겉으로 보기엔 여느 학교와 크게 다를 바 없었다. 하루는 코업에서 파트타임으로 수업에 참여할 아이들을 모집한다고 했다. 체육, 미술, 음악 등 주로 예체능 수업에 대해서만 제한적으로 오픈하는 것이었는데, 마침 우리 아이들에게 매우 필요한 수업이었다. 그동안 스스로 공부한 영어를 사용하여 학습 결과를 점검해볼 절호의 기회였고, 무엇보다도 다양한 국적의 새로운 친구들을 사귈 수 있는 기회라는 점에서 아이들의 마음을 설레게 했다.

지금 되돌아보면, 그 당시 아이들에게 가장 필요했던 것은 공부나 멋진 옷, mp3, 가요 등이 아닌 오직 친구였다. 공부나 가요, mp3, 옷 등은 친구들을 만나기 위해 필요한 수단에 불과했다는 사실을 나는 뒤늦게 인정해야 했다.

영어에 대한 두려움을 깨뜨리다

코업에 처음 가는 날, 찬혁이와 수현이는 '외국인들하고 어떻게 어울리지?' 하는 두려움보다는 새로운 친구가 생긴다는 사실에 들떠 있었다. 선생님이 우리 아이들을 다른 아이들에게 소개하며 인사를 나누게 하자 키가 큰 아이 몇이 찬혁이와 수현이에게 다가왔다. 그때 아내가 수현이에게 짧게 농담을 건넸다.

"수현아, 혹시 오빠가 유괴되면 네가 지켜. 무슨 아이들이 저렇게 크니?"

그랬다. 서양 아이들과 우리 아이들이 나란히 서 있는 것을 보니 마치 어른과 아이만큼이나 키와 덩치에서 차이가 났다. 하지만 보기와 달리 코업 아이들은 무척 친절했다. 그 아이들이 찬혁이와 수현이에게 영어로 무언가를 말했다. 찬혁이와 수현이는 쭈뼛대며 잘 대꾸하지 못했다. 그 아이들은 찬혁이와 수현이가 영어를 잘하지 못해도 대수롭지 않게 여겨주었다. 외국인이니까 영어가 서툰 게 당연하다고 생각하는 것 같았다. 아이들은 환한 웃음과 특유의 제스처를 보이면서 찬혁이와 수현이를 환영해주었다.

찬혁이와 수현이도 긴장을 풀고 미소를 지었다. 그리고 용기를 내어 더듬거리며 영어로 말하기 시작했다. 오늘은 한두 마디, 다음 날은 서너 마디……. 찬혁이는 머릿속으로 문장이 완벽하게 만들어져야 말을 하는 편인데 코업에서 영어를 할 때는 그렇지 않았다. 틀린 문장일지라도 그냥 생각나는 대로 내뱉었다. 그러다 보니 점차 영어로 말하는 데 익숙해졌다.

친구를 인정해주어라

코업의 친구들은 찬혁이와 수현이를 좋아했다. 친구니까 무엇을 하든 함께 해야 한다고 생각했다. 특히 코업의 남자 아이들은 찬혁이와 죽이 잘 맞았다. 덕분에 코업 가는 날은 아침에 깨우지 않아도 아이들 스스로 일찌감치 준비를 하고 친구들을 만나러 갔다. 그리고 집에 돌아와서는 친구들과 한 마디라도 더 이야기하기 위해, 아니 그들과 더 친해지고 싶어서 열심히 영어 공부를 했다. 뿐만 아니라 내가 짜준 커리큘럼 외에 독해를 위한 영어 원서 읽기와 고급 회화를 공부하고 싶다며 관련 콘텐츠를 구해달라고 했다. 아이들의 놀라운 변화에 입이 다물어지지 않았다! 그 놀라운 변화를 이끈 것은 바로 친구였다.

코업에서의 시간, 아니 몽골에서의 시간은 영어뿐만 아니라 진정한 친구에 대해서 배운 소중한 시간이기도 했다. 아이들은 학교나 교회에서 친구들을 만나면 온몸이 부서져라 놀았다. 홈스쿨링 때문에 1주일에 하루나 이틀 동안만 친구들을 만날 수 있어 더욱 그랬다. 찬혁이는 자유 시간, 심지어는 공부 시간에도 가끔 이번 주말에 친구들과 만나 무엇을 하고 놀지를 생각했다. 어떻게 하면 친구들을 한바탕 웃길 수 있을지, 무엇을 하면 친구들을 즐겁게 할 수 있을지에 골몰했다. 친구들과 더 놀고 싶어 미리 공부를 하기도 했다. 친구들과의 채팅 시간을 확보하려고 영어와 몽골어 단어를 외우고, 쪽지시험에서 90점 이상의 점수를 받으려고 기를 썼다. 간혹 엄마나 아빠가 친구를 탓하면, 모두 자기 탓이니 친구를 나쁘게 이야기하지 말라고 했다. 우리 아이들, 특히 찬혁이에게 친구란 그런 존재였다.

만일 자녀가 중학생 이상의 나이라면, 그 아이에게 가장 큰 영향력을 미치는 존재는 부모나 선생님이 아니라 친구임을 인정해야 한다. 그 나이 때 친구는 자신의 모든 것을 주어도 아깝지 않을 그런 존재다. 그런 친구의 자리는 다른 무엇으로 대신할 수 없다. 그러므로 혹시 그 자리가 비어 있다면, 꼭 친구로 그 자리를 채울 수 있도록 도와주어야 할 것이다.

엄마,
이렇게 살 수도 있죠!

엄마

우리 가족은 아이들이 〈K팝 스타 2〉에 나가기 이전의 생활도 좋았고, 지금도 좋다. 돈이 많다고 행복하고 돈이 적다고 불행한 건 아니다. 한국에서 살 때도 우리는 몽골에서 사는 것만큼이나 가난하게 살았다. 조그만 집에서 생활했지만 부족함이 없었다. 방이 더 컸으면, 집이 더 좋았으면 하는 바람이 없었다.

'돈이 없어서 힘들어 죽겠다.'

살면서 이런 생각을 해본 적이 없었다. 한때 재정 파탄 상태가 된 적도 있었지만, 그로 인해 우리 가정이 불행하다고 생각하지는 않았다.

'지금 이대로도 괜찮다.'

그때조차 이런 마음이었다.

"괜찮아요"

몽골에 온 지 2년째에 접어들었을 때 집안 경제에 먹구름이 드리워졌다. 한국의 경제 사정이 좋지 못하자 몽골 선교사들에 대한 지원도 줄어들었다. 그래서 2만 원 남짓한 전기세를 아끼기 위해 하루 종일 집에 불을 꺼놓고 필요할 때만 잠깐씩 쓰기도 했다. 한국에 있었으면 겪지 않았을 삶을 위한 사투가 벌어졌다. 그런 상황에서도 아이들은 한 번도 불평을 하지 않았다. 오히려 우리를 위로했다.

"괜찮아요, 엄마. 이렇게 살 수도 있죠!"

그때 찬혁이가 열여섯 살, 수현이가 열세 살 한창 클 때였다. 한 달 넘게 밥에 간장이랑 김만 먹었다. 아이들은 감사 기도를 드리며 아침에는 김에 밥을 싸서 먹고, 저녁에는 김에 간장을 찍어 먹었다. 김과 간장밖에 없더라도 아이들은 나름대로 맛있게 먹는 방법을 생각해냈다. 지금도 아이들은 김에 밥을 싸서 간장에 찍어 먹는 걸 좋아한다. 어른들 같으면 가난의 기억을 떠오르게 하는 음식이어서 진저리를 칠 텐데, 아이들은 감사해하면서 먹는다.

그런 상황을 가장인 남편은 너무도 힘들어했다. 그런데 아이들은 오히려 아무렇지도 않게 생각했다. 가난한 식탁이라도 차려줄 때마다 맛있게 먹었다. 그 모습을 보면서 남편과 나는 또 하루를 견뎌낼 힘을 얻었다.

아이들의 '괜찮다'는 말이 나에게는 천 마디의 위로보다 값졌다. 아이들은 엄마와 아빠, 머물 집이 있는 것만으로도 감사하게 생각했다.

몽골에는 가혹한 겨울 동안 얼어 죽거나 굶어 죽는 사람이 많다. 교회에 가면 공식 뉴스에 나오지 않는 이런 비공식 뉴스를 귀동냥으로 들을 수 있었다. 우리는 그 사람들이 겨울을 무사히 나도록 기도 시간을 늘렸다. 그런 사정에 비하면 우리가 겪는 어려움은 아무것도 아니었다. 그리고 감사하게도 선교사들과 이웃들이 십시일반 도와주기도 했다. 그들 덕분에 멀고 먼 이국땅에서도 살아갈 수 있었다. 그분들이 우리에게 손을 내밀었듯, 우리도 다음에 우리와 같은 처지에 있는 분들을 보면 도움을 줄 수 있는 사람이 되자고 다짐했다.

아이들의 생각은 어른과 다르다. 아이들은 어른이 우려하는 것만큼 심각하게 생각하지 않는다. 아이들은 부모가 최선을 다하기만 하면 어떤 상황이든 받아들인다. 엄마, 아빠에게 "왜 이것밖에 못해줘요" "더 해주세요" 하며 요구하지 않는다. 엄마, 아빠의 힘든 상황을 조금이라도 나눠 지고 싶어 애쓴다.

아이들은 감사가 많고 어른들은 걱정이 많다

우리는 그런 상황 속에서도 아이들에게 나눔에 대한 이야기를 했다. 우리가 어려운 처지일수록 주변에서 어려움을 겪고 있을 또 다른 이들을 생각하자는 뜻에서였다.

"우리가 이렇게 살아 있는 것도, 화목하게 지내는 것도 감사해야 할 일이야. 우리가 지금 비록 힘든 시간을 보낸다고 하지만 세상에는 우리보다 더 어려운 사람들이 있어. 우리가 그들을 위해서 무엇을 해 줄 수 있을까?"

내 제안에 수현이가 선뜻 말했다.

"제 용돈에서 10%를 모아서 나눔비로 쓰겠어요."

그러자 찬혁이도 지지 않고 말했다.

"저는 20%를 내겠어요."

우리는 수현이의 말에 감동하고, 찬혁이의 말에 웃음을 터뜨렸다. 찬혁이가 수현이보다 10%를 더 많이 내겠다고 욕심을 부린 데는 사연이 있다. 수현이는 늘 양보하고 남을 배려해서 복을 받아왔다. 수현이가 무엇인가를 구하면 쉽게 이루어졌다. 찬혁이는 이번에는 자신이 복을 더 받을 욕심으로 수현이보다 더 많이 내겠다고 한 것이다. 아이들이 내는 것과 함께 우리도 생활비에서 매달 일정액을 떼어 나눔비를 모았다.

아이들에게 주어지는 용돈은 빠듯했다. 꼭 필요한 것을 사고 나면 1주일에 과자 한 봉지 살 정도의 돈밖에 남지 않았다. 그런데 몽골 사람들 중에는 우리보다 더 가난한 사람이 많았다. 그 적은 돈도 1년을 모으니 가난한 몽골 사람들 한 달 생활비 정도가 되었다. 우리는 매해 겨울이 오면 모아진 그 나눔비를 어려운 가정이나 고아원에 전달했다. 아마도 그 가정은 길고 긴 겨울 한 달을 비교적 안심하며 지내게 될 것이다. 그들의 기뻐하는 모습을 보면서 우리가 더욱 기뻤음은 물론이다. 겨울의 막막함을 누구보다 잘 아니까.

이렇게 아이들은 그 척박한 환경에서도 가족과 교회, 한인 사회를 넘어서 몽골이라는 세상과 소통할 준비를 했다. 걱정이 많은 어른들은 아이들을 보면서 그 걱정이 쓸데없다는 것을 배웠다. 아이들은 부모가 가르치려 하지 않아도 그 자체로 완벽하다. 좋은 교육, 좋은 옷, 좋은 음식을 비록 아이들에게 해주지 못하더라도 아이들이 가진 그 순수함을 지켜줄 수만 있다면 부모로서 괜찮은 것 아닌가 하는 확신이 들었다.

의지가 강한 아이들로 자라게 하다

우리가 평소에 자주 행복이 무엇일까에 대해서 이야기를 나누었기 때문에 아이들이 더욱 나눔과 소통에 대한 생각을 했을 수도 있다. 우리 가족이 살고 있는 세상 밖에서는 어떤 일이 일어나는지 알려주기 위해서 김혜자 선생님이 쓰신 《꽃으로도 때리지 말라》, 한비야 선생님이 쓰신 《지도 밖으로 행군하라》라는 책을 아이들에게 주면서 읽어보라고 했다.

"방 한 칸만 있어도 우리가 함께 있으면 그게 행복이야!"

"가족 모두가 건강하면 그게 행복이다!"

우리가 생각하는 행복은 그렇게 크지도 않았고, 멀리 있지도 않았다. 바로 지금 이 순간, 우리 내부에 있었다. 그러다 보니 지금 우리가 겪고 있는 어려운 상황을 '아무것도 아니다'라고 여기며 이겨나갈 수 있는 힘이 생겼다.

그때는 하루하루가 기적 같았다. 돈이 없고 쌀이 없는데도 우리는 굶지 않았다. 어쨌든 계속 먹을 것들이 주어졌다. 그때 찬혁이와 수현이는 잘 먹지 못해서 콩나물처럼 말랐지만, 그 상황을 잘 견뎌내니까 또다시 재정이 채워졌다. 또 그때의 어려움은 앞으로 어떤 힘든 일이 생기더라도 이겨낼 수 있는, 의지가 강한 아이들로 자라게 했다.

돈이 있는 지금도 행복하지만, 없는 그때도 우리는 행복하게 살았다! 아이들이 만든 노래를 함께 부르며 재미있게 살았다! 행복과 돈은 비례하지 않는다는 평범한 진리를 다시금 생각하면서.

가족 훈련 학교와도 같았던 홈스쿨링

아빠

홈스쿨링은 우리에게 '가족 훈련 학교'와도 같았다. 아이들의 교육만이 아니라 부모에 대한 교육도 이루어졌기 때문이다. 물론 우리 부부가 아이들과 같이 국어, 수학, 과학, 영어와 같은 과목을 배운 것은 아니다. 정식 커리큘럼에 포함되지 않은 정체불명의 학습 과목이 때와 장소를 가리지 않고 불쑥 튀어나왔다.

학교가 방학을 해서 친구들과 만나 좀 더 자유롭게 놀 수 있는 여름엔 찬혁이와 수현이의 수업을 줄이고 놀게 했지만, 그 외의 계절과 시간엔 24시간 동안 가족들이 함께 지내는 날이 많았다. 내가 몽골에서 하는 일이 보통은 3개월 과정의 프로젝트로 진행되어서 하나가 끝나고 다음 프로젝트를 준비하는 기간에는 더더욱 그랬다.

그러는 동안 아이들의 행동 하나하나도 자세히 보이지만, 아이들도 예전에는 몰랐던 엄마와 아빠의 단점과 상황을 알게 된다. 겉으로는 우리가 외부적인 환경에 고립되어 있는 것처럼 보였을 테지만, 사실 그 속에서 우리가 부닥친 것은 '관계'였다. 아침이면 아빠가 회사에 가고 아이들은 학교에 가면 일어나지 않아도 될 일들이 일어났다.

더 잘하고 싶은 마음이 시행착오를 부르다

학교 수업은 일방적인 게 아니다. 선생님과 학생들의 교류가 계속 일어난다. 선생님이 학생들의 반응을 보고 잘 못 알아들은 것 같으면 다시 한번 설명을 하거나 다른 방식으로 설명을 하기도 한다. 그리고 가끔 농담을 해서 학생들을 웃기기도 한다. 나는 이런 방식의 수업이 이상적이라고 생각한다.

그런데 컴퓨터 모니터를 보고 공부를 하라니 얼마나 갑갑했겠는가! 아이들이 지겨워하는 것은 당연했고, 틈틈이 오락을 하거나 딴짓을 할 수밖에 없었다. 딴짓을 하는 건 막을 도리가 없었다. 그러다 보니 하루에도 몇 번씩 야단을 치게 되었다. 부모는 공부 안 한다고 야단치는 사람, 아이들은 딴짓한다고 야단맞는 사람이 되어 있었다. 이것은 우리가 결코 바라던 모습이 아니었다.

나는 아이들에게 미안한 마음에 시행착오를 거듭했다. 시행착오란 것은 대부분 더 잘하려는 과정에서 빚어진다. 나는 이왕 홈스쿨링을 시작하게 된 것, 학교에 다니는 아이들보다 더욱 알차게 공부하자는 욕심을 부렸다.

부모의 모자란 부분을 아이들이 채워주는 건 아닐 것이다. 하지만 나도 다른 부모와 마찬가지로 부모가 가지지 못한 걸 아이들이 채워주기를 바랐던 모양이다. 그러다 보니 마음 편하게 해야 하는 홈스쿨링이 아이들에게 억압으로 작용했다. 아이들은 이러한 부모의 기대를 알고, 마음을 알다보니 아무 소리 못하고 따르는 꼴이 된 것이다.

아이들 입장에서는 공부 잘하는 것 말고는 방법이 없었다. 나는 아이들이 공부에 대해서 부담을 갖지 않았으면 좋겠다고 생각했지만, 아이들이 부담을 가질 수밖에 없는 상황으로 몰아갔다.

이 겉 다르고 속 다른 상황의 피해자는 당연히 아이들이었다. 교장선생님이 수업을 지켜보고 있어도 신경이 쓰이는데, 엄마와 아빠가 공부하는 걸 언제 어디서나 지켜보고 있다고 생각해보라! 아이들에게 그보다 더 큰 부담이 어디 있겠는가.

잘할 수 있는 것만 잘하라

'이러다 아이들의 인생을 망치는 것은 아닐까?'

나는 덜컥 두려움이 몰려왔다. 계속 학교에 다녔다면 처음에는 영어 때문에 힘들었겠지만 곧 적응을 하고 잘 다녔을 것이다. 아이들에게 미안한 마음과 나의 거듭되는 시행착오로 인한 아이들과의 갈등으로 내 속은 새까맣게 타들어갔다.

"내가 왜 이럴까?"

내가 한숨을 쉬자 아내가 말했다.

"잘할 수 있는 것만 하고 모든 것을 내려놓아요. 우리가 못하는 건 능력이 안 되어서 그런 건데 그걸 계속 고민한다고 해결이 되나요?"

잘할 수 있는 것만 잘하라는 건 아내가 아이들에게 하는 고정 레퍼토리다. 잘할 수 있는 것만 하려 해도 할 일이 많으므로, 잘 못하는 것까지 잘하려고 욕심을 낼 필요가 없다는 말이다.

정말 그랬다. 내가 가진 범위 안에서는 분명 최선을 다했다. 그런데도 할 수 없는 것이 많았지만 그것은 내가 가진 범위 밖의 것이었다. 그것까지 다 아이들에게 해줘야 한다고 여기면서 그 부담감에 내가 먼저 지친 것이다. 나는 아이들에게 필요한 것들을 충족시켜주어야 한다는 부담감을 은연중에 가지고 있었다. 아이들 스스로 답을 찾도록 하기보다는 내가 먼저 그 문제를 풀어보고, 그것들을 해결할 수 있는 방법을 모두 찾아본 후에 아이들이 나를 쫓아올 수 있게 했다. 가족을 책임져야 하는 가장은 당연히 그래야 한다고 여겼다.

그런 나를 보며 아내가 먼저 결단을 내리고 나에게 의견을 물어왔다.

"우리 모든 걸 내려놓고 아이들이랑 진짜 홈스쿨링을 하는 건 어때요? 이건 창살 없는 감옥이지 홈스쿨링이 아니에요."

홈스쿨링은 얼마나 좋은 교재를 가지고 하느냐, 얼마나 많은 시간 동안 공부를 하느냐, 얼마나 좋은 성적을 얻느냐가 성공의 기준이 아니다. 아이들이 자유로운 분위기에서 얼마나 재미있게 공부를 하느냐가 중요하다.

아내가 생각하는 홈스쿨링은 여행을 하면서 좋아하는 책을 보고 음악을 듣는 것이었다. 이상적인 홈스쿨링의 모습이었다. 공부하라고 들들 볶으면서 아이들을 행복하게 만들어줄 수는 없었다. 진정한 홈스쿨링의 방향성에 대한 고민이 필요한 시점이었다. 아빠로서 혹독한 훈련을 받고 나니 우리 상황은 달라진 게 없는데도 훨씬 편하고 가볍게 다가왔다.

part

2

아이도
사춘기,

아빠도
사춘기

화성에서 온 아들, 지구에 사는 부모

엄마

손꼽아 기다리지 않아도 부모가 두려워하는 순간이 온다. 자녀가 낯설어 보일 때 부모는 혼란스럽기 그지없다. 찬혁이가 어느 날부터 갑자기 말을 잃어버렸다. 원래 말이 없는 아이이기도 했지만, 입을 꾹 다문 채 무표정으로 일관했다. 나는 부모로서 허둥거리지 않으려고 평소보다 몇 배 더 노력했다.

이찬혁과 이수현, 생긴 것만큼이나 성향 역시 다르다. 따라서 둘을 똑같이 대해서는 안 된다. 찬혁이에게 하는 방식대로 수현이에게 하면 수현이가 상처를 받고, 그 반대로 하면 찬혁이가 상처를 받는다. 부모로서 두 아이를 공평하게 대하기 위해서는 고려해야 할 요소들이 참 많다.

예민하고 섬세한 찬혁이를 대할 때는 나나 남편이나 말을 가려서 하는 편이다. 먼저 찬혁이의 기분을 살핀 다음 어떤 말을 할지를 고른다. 한창 예민할 때는 건드리면 온몸으로 싫은 티를 팍팍 낸다. '지금 기분이 안 좋아 엄마랑 이야기하고 싶지 않구나' 하는 느낌이 전해지면 할 말이 있더라도 눌러 참는다. 어느 정도 시간이 지난 뒤에 하고 싶었던 말을 꺼낸다.

"찬혁아, 엄마랑 이야기 좀 할까? 아까는 왜 그랬어?"

"아무것도 아니에요."

대부분의 경우 찬혁이는 조금 전과 달리 대수롭지 않게 반응한다. 아마 지금은 그 까칠했던 순간이 지나갔을 것이다. 반면 언제나 생글거리는 수현이는 그때그때 말하면 바로 넘어간다. 부모 입장에서 수현이는 '천사표'다. 딸이어서 엄마가 말하기가 쉬운 건 아니다. 같은 이유라면 남편은 찬혁이에게 말 걸기가 쉬워야 하는데, 전혀 그렇지가 않다.

준비가 되어 있지 않을 때는 대화를 시도하지 마라

찬혁이의 또 다른 특징은 타협이 없다는 점이다. 고집과 주장이 강하다보니 누가 자신을 회유하면 단호하게 대답한다.

"싫어요. 아닌 것 같아요. 안 할 거예요."

"엄마, 그러지 마세요. 다 알아요."

그래서 찬혁이에게는 '엄마 생각은 이런데 너는 어떻게 생각하니?'라고 솔직하게 묻는 편이 낫다. 수현이도 싫은 건 싫다고 말을 하지만, 회유하는 사람의 입장을 한 번 더 생각해서 타협안을 제시한다.

“그 일을 하고 싶지는 않지만 조금 더 생각해볼게요. 왜 그렇게 말씀하시는지 알 것 같아요.”

이렇게 말하는 아이에게는 더 이상 잔소리가 필요 없다.

그러다 보니 같은 상황인데도 두 아이가 받는 스트레스의 강도는 전혀 다르다. 찬혁이는 홈스쿨링을 할 때 수현이보다 스트레스를 더 받았다. 무엇이든 강제로 하는 걸 싫어하고 스스로 동기부여가 되어야 움직였기 때문이다.

‘이렇게 해주면 될 텐데 왜 그렇게 안 할까?’

‘공부를 하고 나서 놀면 될 텐데 왜 저럴까?’

남편과 나는 말로 표현하지는 못했지만 찬혁이에게 점점 불만이 쌓여갔다. 반대로 찬혁이도 우리에게 불만이 많았을 것이다. 남편은 하루에도 몇 번씩 대화를 시도했지만 찬혁이는 번번이 피했다.

“찬혁아, 요즘 무슨 일 있니?”

“아뇨.”

“평소와는 다르다. 우리 무슨 문제가 있는지 이야기해보자.”

“없어요.”

매사가 이런 식이었다. ‘예’ 아니면 ‘아니오’로 대답했다. 그럴수록 남편은 찬혁이와 대화를 해야겠다는 마음이 점점 강해졌다. 이럴 때는 대화를 시도하지 않는 게 좋다. 찬혁이가 아빠의 말을 들을 준비가 되어 있지 않을 때는 해봐야 시간 낭비일 뿐이다. 내가 보기에 남편은 아이들에게 평균치 이상으로 귀가 열려 있는 부모지만 바로 그 순간에는 자제력을 잃곤 했다.

아이가 감내할 수 있는 범위 내에서 잘못을 지적하라

남편은 간혹 눈치 없게도 못마땅한 부분을 발견하면 두 시간짜리 설교를 시작했다. 부모로서 아이한테 못마땅한 점을 충분히 일깨워주고 자상하게 가르쳐주는 것이 당연하다고 생각한 것이다. 반면 찬혁이는 말하지 않아도 아는 걸 자꾸 하니까 듣고 있기가 힘든 것이다.

찬혁이의 침묵의 원인은 딱 한 가지였다. 그것은 동의도 아니고 반항도 아니었다. 나름대로 찬혁이 자신이 생각한 최선의 방법이었다. 말대답을 하면 아빠의 말이 더 길어진다는 것을 아는 것이다. 말로 하면 아빠에게 설득당하지만 심리적으로는 동의할 수 없는 상태! 그러니까 말로는 아빠를 이길 수가 없어 아빠 말이 끝날 때까지 토를 달지 않고 침묵한 것이다. 아마도 많은 아이들이 이런 이유로 침묵할 것이다.

부모는 아이들의 잘못을 지적할 때 아이들이 감내할 수 있는 범위에서 해야 한다. 그게 지나치면 이런 부작용이 생긴다. 이런 일이 되풀이되다보니 찬혁이 때문에 부부싸움을 하기도 했다.

"너 때문에 엄마와 아빠가 이렇게 싸우잖아!"

어느 날 남편이 찬혁이에게 이렇게 버럭 소리를 질렀다. 그날 이후 나는 사흘 동안 남편과 말을 하지 않았다. 아무리 부모와 자녀 사이라도 해서는 안 되는 말이 있다.

나는 남편과 아들이 냉전을 벌일 때면 찬혁이에게 쪽지를 썼다.

"그건 아빠의 진심이 아니야. 우리가 아빠를 조금만 더 이해하자. 너도 힘든 거 알지만, 아빠도 많이 힘들어하고 있단다."

그것은 사실이었다. 열 배쯤 힘든 사람은 찬혁이가 아니라 남편이었다. 사춘기 아이와 그 부모는 화성과 지구에 사는 사람들만큼이나 간극이 크다. 게다가 예민한 시기라 조심조심 대해야 하는데, 부모로서의 마음이 앞서면 당연히 소통이 잘될 리 없다. 그전까지 찬혁이와 장난을 치고, 말도 안 되는 이야기를 하고, 노래도 같이 부르던 남편의 상실감이 특히 컸다.

아이러니하지만 그때 우리가 몽골에 있었던 것이 얼마나 다행인지 모른다. 몽골에서는 화가 나더라도 찬혁이가 집 밖으로 뛰쳐나갈 수가 없다. 아무리 옷을 두껍게 입고 나가도 10분이 지나면 온몸이 어는데다 PC방도 있을 곳이 못 된다. 갈 데라고는 친구 집밖에 없는데, 친구 집에는 가는 순간 들킨다. 그래서 집 안에서 서로 조용히 해결하게 되었는지도 모른다.

무엇을 할지 모르지만 대학은 가고 싶어 하는 아이

아빠

홈스쿨링을 하면서 공부를 시키기는 했지만, 늘 아이들한테 대학에 가지 않아도 된다고 말했다. 공부가 인생의 전부, 대학이 인생의 방어막은 아니라는 신념 때문이었다. 나나 아내나 대학을 나오지 않았지만, 배워야 할 것은 그때그때 배우면서 특별히 불편함 없이 살고 있다.

우리의 이런 태도 때문에 아이들이 공부에 얽매이지 않고 비교적 자유로웠던 것은 사실이다. 수현이는 대학에 가지 않아도 된다고 하니까 신나 했다. 찬혁이는 대학에 가고 싶기는 하지만 대학에 가서 무슨 공부를 해야 할지 모르겠다고 했다. 그러면서도 대학에 가기 위한 공부 자체는 거부했다.

나는 아이들한테 늘 말했다.

"무슨 일을 하든 네가 좋아하고 즐겁게 할 수 있는 일을 찾아서 해라. 대학을 가고 안 가고는 그다음 문제야. 농사를 짓든 배관 일을 하든 청소를 하든 네가 행복하고 즐거우면 그걸로 멋진 인생이라고 생각한다."

이 말은 대학 진학을 앞둔 찬혁이에게 여전히 유효하다. 찬혁이가 대학에 가지 않겠다고 해도 나나 아내는 그 결정을 존중할 것이다. 수현이가 "음악을 더 배우고 싶긴 한데, 회사에서 배우고 있는데 굳이 대학에 가야 하느냐"고 묻는다면 안 가도 된다고 말할 것이다.

하고 싶은 일과 잘하는 일을 찾게 하라

우리는 늘 자신이 좋아하는 일을 하고 사는 게 가장 성공적인 삶이라고 생각해왔다. 나는 찬혁이가 지위가 높거나 돈을 많이 버는 사람이 되기를 바라지 않았다. 그야말로 자신이 좋아하는 일을 하면서 행복하게 살기를 원했다. 그렇게 살기 위해서는 가장 먼저 해야 할 것이 자신이 하고 싶어 하는 일과 잘하는 일이 무엇인지 깨닫는 것이다. 사람들은 저마다 타고난 재능이 있다. 다만 숨겨져 있기 때문에 자신의 재능을 발견하는 것이 쉽지가 않을 뿐이다. 요즘처럼 공부에 쫓기다보면 자신이 뭘 잘하는지도 모른 채 대학 가는 것에만 급급하기도 한다.

수현이는 어릴 때부터 하고 싶은 일이 있었다. 노래를 부르는 것이다. 소향처럼 CCM 가수가 되든, 노래로 치유를 하는 사람이 되든 노래 부르기라는 공통분모가 있었다. 그러고는 일찌감치 버클리 대학에 갈 것이라고 선언했다. 홈스쿨링을 할 때도 책상 앞에 '버클리 대학'이라고 적어놓고 의지를 다지곤 했다. 그 모습이 보기 좋아서 칭찬을 하면서 찬혁이에게도 장래의 꿈에 대해서 물어보았다.

"찬혁아, 네가 대학을 안 간다면 모르지만 간다면 지금쯤 방향을 정해서 노력해야 하지 않을까?"

"……."

"네가 하고 싶은 게 있을 거 아냐. 아니면 네가 잘한다고 생각하는 것이 있을 거야."

"그럼, 그림을 전공할까요?"

찬혁이는 어릴 때부터 그림을 곧잘 그렸고, 그림이 특이하다는 칭찬도 많이 받았다. 그것을 기억해낸 모양이었다.

"그림을 전공하기에는 너무 늦지 않았을까? 예술 분야는 실기를 준비해야 하는데 다들 어릴 때부터 하잖아."

물론 나는 꿈을 발견하기에 늦은 나이는 없다고 덧붙였다. 다만 늦게 준비를 하면 친구들과 같은 해에 대학에 가지 못할 수도 있다는 현실을 말해주었다.

"그럼, 춤을 추는 사람이 될까요?"

"춤을 추어서 뭐가 될 건데?"

"그럼, 춤추는 목사님이 될까요?"

나는 찬혁이에게 안타까운 마음이 들었다. 만약 수현이처럼 시간이 좀 더 있었다면 "열심히 해봐"라고 격려했을 것이다. 한발 늦게 시작하는 건 긴 인생에서 보면 그리 중요하지 않다. 마흔이나 쉰에 자신이 하고 싶은 일을 발견하는 사람도 있지 않은가. 사실 꿈을 발견하는 시기는 그리 중요하지 않다.

"난 너의 생각을 묻는 거야. 네 미래에 대해서 생각을 해봤을 거 아니니? 우리 시간을 두고 한번 찾아보자."

과연 늦지 않게 꿈을 발견할 수 있을까?

도대체 찬혁이가 잘하는 게 뭘까? 찬혁이는 어떤 길을 갈까? 아이가 조급함을 느끼지 않게끔 하려면 부모가 느긋해야 한다. 하지만 조언을 하면서도 나는 마음이 무거웠다. 그전에는 찬혁이에게 이왕이면 좋아하는 것을 선택해서 그것을 일로 만들라고 조언을 해왔다. 그런데 이제 대학을 코앞에 놓고 생각하니 그런 추상적인 조언을 하기에는 시간이 얼마 남지 않았다. 풀이 죽은 찬혁이가 안쓰럽기도 하고, 꿈을 찾지 못하는 것이 안타깝기도 했다.

나는 찬혁이가 '빵을 만드는 사람이 될 거예요' '헤어 디자이너가 될 거예요'라는 등 어떤 꿈이라도 가지고 있었다면 믿고 지지해주었을 것이다. 또한 그 길로 가도록 현실적인 도움도 주었을 것이다. 그러나 찬혁이가 자신의 꿈을 발견하지 못한 마당에 기다리는 것 말고 달리 해줄 것이 없었다.

한국 사회에서는 자신의 꿈을 찾기가 어려운 것 같다. 자신의 꿈에 대해 진지하게 고민해볼 시간도 없이 초등학교, 중학교, 고등학교를 졸업하면 으레 대학 가는 수순을 밟기 때문이 아닐까. 나는 남들하는 대로 똑같이 하기보다 찬혁이가 진정으로 원하는 길을 가도록 해주고 싶었다. 머리가 이끄는 데와 가슴이 이끄는 데가 있는데, 그 중에 가슴이 이끄는 곳, 즉 열정이 이끄는 대로 가면 꿈을 발견할 수 있다고 믿는다.

그런데 찬혁이와 꿈에 대해서 이야기를 나눌라치면 '과연 늦지 않게 꿈을 발견할 수 있을까?' 하는 조급한 마음이 드는 건 어쩔 수 없었다. 꿈은 조금 늦게 발견할 수도 있을 것이다. 그런 것은 상관없다. 하지만 그보다 더 큰 문제는 대화를 하려고 하면 번번이 가로막히는 느낌이 드는 것이었다. 찬혁이는 생각이 많았는데, 그 생각을 혼자서만 간직하지 나에게 드러내지 않았기 때문이다. 나는 찬혁이가 도대체 무슨 생각을 하는지 궁금해서 캐물었지만 아이는 끝내 입을 열지 않았다.

아이를 믿고 묵묵히 기다려주어라

아마 찬혁이는 좀 더 나중에 자신의 꿈에 대해 이야기하고 싶었던 모양이다. 아직 스무 살이 안 된 아이가 인생을 알면 얼마나 알 것이며, 계획이나 꿈은 또 얼마나 자주 변하겠는가.

결과만 놓고 보면 찬혁이는 〈K팝 스타 2〉를 거치면서 자신의 꿈을 다른 아이보다 빨리 발견한 셈이 되었다. 그러나 그렇게 진지하게 고민하는 시간이 없었다면 꿈 찾기는 더 늦어졌을 것이다.

아이의 꿈 찾기는 부모의 바람대로 이루어지지 않는다. 기다리는 과정이 필요하고, 그것을 발견하기 위해서 돌아가는 과정도 필요하다. 아무리 부모가 멍석을 깔아준다고 해도 찾기가 쉽지 않은 게 꿈이다. 부모에게 가장 최선은 아이를 믿고 그저 묵묵히 기다려주는 것뿐이다. 그러면 아이는 시행착오도 하면서 치열하게 고민할 것이다. 물론 고민하는 아이를 지켜보는 건 부모로서 쉽지 않은 일이다. 그때는 나도 그러지 못했기 때문에 찬혁이가 계속 말문을 닫았던 것은 아닐까? 물론 이것은 지나고 나서 하는 후회이며 반성이다.

사춘기 덩어리들 요리법

엄마

사춘기는 아이에게는 전혀 새로운 자신을 만나게 되는 시기고 그것은 부모에게도 마찬가지다. 한마디로 '사춘기 덩어리들'로, 어디에 있건 존재감이 확실히 느껴진다. 사춘기 덩어리들에 대한 경험은 한국에서 이미 한 번 했다.

몽골에 오기 전 나는 교회에서 몇 년간 고등부 교사로 봉사를 했다. 내가 처음 맡았던 아이들은 고등학교 2학년이었다. 찬혁이와 수현이가 아직 초등학생일 때라 사춘기 아이들을 키워보지 않았던 나는 고등학생이 중학생보다는 의젓해서 이야기도 훨씬 잘 통할 줄 알았다. 그러나 이것은 나의 오산이었다.

고등학생들은 이미 머리가 클 대로 커서 자기 생각이 분명하고, 고집도 셌다. 누가 뭐라고 해도 그야말로 씨도 안 먹혔다. 그 아이들을 처음 만난 날, 나는 반갑게 인사를 하는데 아이들은 거의 반응을 하지 않았다. 서로 자기소개를 하며 지난 한 주 동안 어떻게 지냈는지 물어도 거의 대답이 없었다. 어쩌다가 대답을 하더라도 뭐가 불만인지 퉁명스럽게 대답했다.

"왜 그런 걸 물어요?"

"꼭 대답해야 해요?"

이렇게 말하는 아이도 있어 나는 적잖이 당황스러웠다. 아이들은 말하는 것도, 생각하는 것도, 세상을 바라보는 것도 모두 못마땅해 보였다. 아이들에게 말을 걸기가 어려웠다. 그날 모임을 마친 후 선배 교사들에게 물었다.

"고등학생들은 원래 다 이런가요?"

그러자 생각지도 못한 답변이 되돌아왔다.

"고등학교 2학년 아이들이 좀 더 심하지요."

다음 주 또 그 다음 주가 되어도 아이들의 반응은 똑같았다. 나는 반 아이들을 만날 때마다 속이 상했다. 눈물이 났다. 지금까지 살아오면서 이런 대우를 받아본 적이 없었다. 아이들은 나를 없는 사람 취급하는 것 같았고, 나는 철저히 무시당하는 기분이었다. 나는 어른으로서 아이들에게 존중받지 못하고 있다고 느꼈고, 그래서 슬프기도 하고 화도 났다. 나는 반 아이들 앞에서 여전히 혼자 떠들고 있었다. 이런 꼴을 당하고도 계속 해야 할지, 회의가 이만저만 드는 게 아니었다.

아이들을 있는 그대로 받아들여라

그때 사춘기에 대해서 알았다면 적절히 반응을 했을 텐데 불행하게도 나는 몰랐다. '야, 니들 같은 애들 처음 봤다. 나도 너희 싫어!'라고 그만두고 싶은 마음도 한 켠에 있었지만 책임감이 나를 붙들었다. 아이들을 잘 관찰해서 어떻게 해야 할지 대책을 세워나가는 것 말고는 다른 답이 없었다. 그렇게 두 달가량 아이들한테 무시를 당하고 나자 정신이 번쩍 들었다. 그리고 그들과 똑같이 해주자는 결론을 내렸다.

요즘 아이들은 욕을 사용하지 않으면 대화가 잘 되지 않는다. 욕은 그 또래 아이들 나름의 소통 방식이었던 것이다. 나는 나에게 불친절한 그 아이들을 대하면서도 끝까지 웃으며 자상한 어투로 친절하게 대했다. 어쩌면 나의 그런 모습이 그 아이들이 볼 때는 가식처럼 느껴졌을 수도 있겠다는 생각을 했다.

나는 착한 선생님의 가면을 벗어던졌다. 1주일에 한 번씩 아이들에게 안부 전화를 했는데, 보통은 아이의 이름을 부르며 "나야, 교회 선생님. 이번 주 잘 지냈니?"라고 물었다. 그런데 이번에는 그들처럼 인사 따위는 생략하고 바로 본론으로 넘어갔다.

"나야. 뭐하냐?"

"왜요?"

"뭐 하냐니까. 물어도 못 보니?"

"그냥."

"아쭈 반말해? 그냥 뭐 해?"

이런 식으로 대화를 이어간 것이다. 아이들이 퉁기면 나도 퉁기고, 아이들이 까칠하게 굴면 나도 까칠하게 굴면서 사제지간의 선입견을 깨버리고 싶었다. 어찌되었건 1년을 봐야 하는 아이들인데, 가식적으로 대하고 싶지는 않았다. 안부를 묻는 것도 아니고, 조언을 해주는 것도 아닌, 그야말로 별것 아닌 전화인데 아이들은 나중에 나를 자신들의 친구로 받아들였다. 그들의 소통방식은 이렇다. 있는 그대로 받아들이면 그들도 반응을 보인다.

아이들의 눈높이로 소통하라

매주 교회에서 예배 모임이 끝나면 반별로 모여 보통은 성경 공부를 한다. 나는 그때도 아이들과 보드 게임을 했다. 성경 말씀이야 예배 시간에 설교로 충분히 들었을 텐데 더 필요할까 싶었다. 좋아하는 가수나 노래, 영화에 대해 수다를 떨기도 하고, 학교에서 있었던 일을 이야기하기도 했다. 고등부 지도 목사님이나 다른 교사들이 들으면 싫어할 수도 있지만, 나는 아이들과 먼저 친구가 되지 않으면 아무리 좋은 내용의 설교나 조언도 아이들의 귀에 들리지 않을 것이라고 생각했다. 그런데 놀라운 결과가 일어났다.

아이들이 주일마다 교회에 빠지지 않고 나올 뿐만 아니라, 학년이 올라갈 때 나에게 선생님을 맡아달라고 했다.

"선생님 아니면 교회에 안 올 거예요."

바로 소통의 힘이었다. 사춘기 아이들과는 뭐니 뭐니 해도 그들의 눈높이로 소통을 해야 한다는 걸 그 아이들과 2년을 보내면서 깨달았다. 그 아이들은 지금 다들 대학을 졸업해서 성실한 사회인이 되었다. 가끔 교회에서 마주치면 고등학교 때 친구를 만난 것처럼 두 손을 마주 잡고 발을 동동 구르면서 반가워한다.

몽골에서도 한인 교회에서 중·고등부 아이들을 맡아 지도했다. 이제는 사춘기 덩어리들을 보면 어떻게 요리해야 할지 어느 정도 감이 있었다. 그때 이미 가슴이 아리는 경험을 함으로써 예방 주사를 미리 맞은 셈이니까.

찬혁이도 사춘기를 거쳤는데, 교회에서 본 아이들에 비하면 삐딱한 데라고는 없는 순둥이였다. 그런데도 가끔은 속 터지게 답답한 면이 있었다. 사춘기 아이들은 자신이 하는 행동이나 말이 얼마나 거친지 잘 모른다. 이 사실을 알고 있었기 때문에 나와 찬혁이의 관계는 그리 문제가 되지 않았다. 청심환을 한 알 삼킨 셈치고 아무리 속에서 화가 치솟더라도 상황을 이해하고 참고 넘어가주면 되니까.

가정에도
다리 놓는 사람이 필요하다

엄마

사춘기 아이가 있으면 집 안 공기가 사춘기 바이러스에 감염되는 것 같다. 이때는 가족 모두가 지혜를 발휘해 그 시기를 잘 넘겨야 한다.

찬혁이의 사춘기가 절정일 무렵 남편은 나에게 공부하라며 《10대들의 사생활》이란 두툼한 책을 사주었다. 아는 것과 실제로 부닥치는 것은 괴리가 큰가 보다. 남편도 사춘기에 대해서 공부도 하고, 고민도 무척 많이 했지만 정작 실전에서는 대화를 잘 끌어가지 못했다.

찬혁이가 남편의 속을 진흙 반죽으로 만들어버릴 때면 나는 "오늘은 여기까지"라며 대화를 끊고는 두 사람을 떼어놓았다. 그런 다음 남편에게 가서 이야기를 충분히 들어보고 남편이 옳다고 맞장구를 쳐주었다. 물론 찬혁이의 마음을 전하는 것도 잊지 않았다. 남편이 어느 정도 진정되면 이번에는 찬혁이에게 가서 속마음을 들어보고 아들이 옳다고 이야기를 해주었다. 역시 아빠의 속마음을 이야기하며 몇 마디 덧붙이는 것도 잊지 않았다.

남편이 찬혁이와 대립하는 상황에서 나까지 보태면 찬혁이는 마음을 열 데는커녕 집에서 오갈 데가 없어져버리기 때문이다. 부모가 양쪽에서 공격하는 꼴이 되니까 말이다. 두 사람 모두 진심을 몰라서 대립하는 것이 아니었다. 서로 알면서도 어떻게 그것을 맞춰야 할지 몰라서 대립하는 상황이었다. 흔히들 아 다르고 어 다르다고 하는 바로 그 상황. 별것 아니라고 생각하면 정말 별것 아닌데, 둘 다 이상하게 틀어져서 상처만 받는 상황이었다. 서로 좋을 때는 절대로 부닥치지 않는데, 하필이면 그때 둘 다 좋지 않은 때였다. 찬혁이는 사춘기 덩어리였고, 아빠도 사춘기 덩어리와 다를 바 없었다.

남편과 아들은 자꾸 대립하고 나와 수현이는 그 사이를 왔다갔다하며 중재하려 애를 썼다. 힘껏 기다리다보면 언젠가 이 시기 또한 지나갈 거라 믿으면서.

사사건건 부딪치는 아들과 아빠

일상생활에서도 남편과 아들은 사사건건 부딪쳤다. 아들은 정말 하고 싶어 하는데 아빠가 반대하는 경우였다. 어느 집이나 겪는 문제인데 우리 집도 그랬다. 찬혁이는 사춘기가 되자 부쩍 멋을 부리고 싶어 했다. 몽골의 아이들 중에도 귀걸이를 하거나 염색을 하고 심지어 파마를 한 아이도 있었다. 스키니진에 mp3나 스마트폰도 일상적인 것이었다.

어느 날 찬혁이는 내게 귀를 뚫고 싶다고 말했다. 나는 남편이 반대할 것 같았지만 용기를 내서 말을 해보라고 했다. 예상대로 남편은 전혀 통하지 않았다. 오히려 남편의 두 시간에 걸친 설득 끝에 찬혁이는 귀를 뚫지 않겠노라고 선언했다. 남편은 다음과 같은 말로 찬혁이를 설득했다.

"귀걸이의 유래가 뭔지 아니? 고대시대에 주인이 노예들에게 자기의 소유라는 걸 표시하기 위해 귀를 뚫고 고리를 꿰어준 것에서 시작된 거야. 그래도 하고 싶어?"

아빠가 이렇게 말하는데 어떻게 하겠다고 우기겠는가. 만약 찬혁이가 "아빠, 그건 벌써 수천 년 전의 일이에요. 지금은 멋 부리는 용도로 사용하고 있어요"라고 자신의 생각을 끝까지 관철시키려 했다면 어떻게 되었을까?

엄마의 보이지 않는 손으로 챙겨주어라

귀걸이 사건은 일단락되었지만 나는 기분이 썩 좋지 않았다. 결국 찬혁이는 자신이 원하는 걸 아빠에게서 하나도 얻어내지 못한 셈이 되었으니까. 스마트폰, 스키니진, 파마, 염색, 귀걸이, PC방……. 자신들이 하고 싶어 하는 걸 모두 반대하면 아무리 부모의 말을 잘 듣는 아이들이라 할지라도 상처를 받을 것이다. 나라도 한 번쯤은 아이들의 요구에 눈감아주자고 다짐했다. 집에서 기강을 잡는 사람이 아빠라면 엄마는 보이지 않는 손으로 챙겨주는 게 그 역할 아니겠는가.

"아빠가 염색했다고 뭐라고 하면 엄마가 해줬다고 해."

"엄마, 괜찮으시겠어요?"

"그럼. 아빠도 이해하실 거야. 노랗게 하는 것도 아니고."

나는 착시 현상을 이용하기로 했다. 눈에 익숙해지면 어느 순간 잘 못 알아챈다. 처음에는 짙은 갈색으로 했다가 조금씩 염색을 연하게 하면 남편도 모르지 않을까 생각한 것이다. 수현이는 예쁘게 염색이 되었다. 찬혁이는 처음에는 짙은 갈색으로 했다가 갈색, 밝은 갈색으로 옮겨가려고 했는데 그만 들켜버렸다.

"이미 한 걸 어떡하겠어요. 하고 나니까 예쁘지 않아요?"

"글쎄, 예쁘다기보다…… 딱 이번까지야. 더 이상은 안 돼!"

남편은 다소 엄한 얼굴로 한마디 하고는 더 이상 말이 없었다.

나는 수현이는 계속 염색을 해줬다. 찬혁이는 조금 짙은 색으로 다시 한 번 염색을 했을 뿐 더 이상 하지 않았다. 햇빛에 그을리다보니 옅은 머리색이 어울리지 않아서다. 옅은 머리색은 피부색을 더욱 검게 보이게 해서 짙은 머리를 고수하는 편이 나았다.

나는 때를 봐서 남편한테 이야기했다.

"아이들이 하겠다고 하면 무턱대고 반대할 이유는 없다고 생각해요."

"누가 뭐라고 했나?"

염색 사건은 이렇게 해서 남편이 한발 물러서는 것으로 일단락되었다. 찬혁이가 아무리 엉뚱하다고 해도 빨간 머리나 노란 머리를 원하지는 않을 테니까 말이다.

누군가는 중재를 하라

가정에는 다리가 필요하다. 가족 구성원들 모두가 한마음 한뜻일 수는 없다. 대부분의 가정이 우리와 비슷할 것이다. 완강한 아빠, 그리고 아이들 편인 엄마. 엄마와 아빠 둘 다 완강하면 아이들이 고통을 받을 것이다. 가족 간에는 누가 옳고 누가 그른가로 갈등을 빚지는 않는다. 대부분 사소한 의견 차이로 갈등의 골이 깊어진다.

의견에 온도차가 존재한다면 누군가는 중재를 해야 한다. 염색을 해야 할지 말아야 할지를 부모와 자식 간에 투표로 결정할 수는 없는 노릇 아닌가. 나는 개인 취향이나 판단보다는 아이들의 입장을 존중하는 쪽에 섰다. 대부분의 경우 아이들과 의견이 같았고, 설령 다르다고 하더라도 아빠가 내 몫을 늘 대신하고 있기 때문이다.

아빠의 사춘기와 아들의 사춘기는 다르다

아빠

원래 말이 없는 찬혁이는 중학교 2학년이 되면서 더 말이 없어졌다. 마치 지퍼를 채운 것처럼 입을 꾹 다물었다. 사춘기 아이를 둔 집에서는 부모가 아이의 눈치를 보며 끌려다니는 경우가 많다. 그러나 우리 집에서는 어른이 참고 노력하는 만큼 아이도 참고 노력해야 한다는 규칙이 있다. 가정이 제대로 세워지기 위해서는 그 가정만의 분명한 규칙이 있어야 한다고 생각한다. 규칙이라는 것은 특별한 경우가 아니라면 예외 없이 적용되는 것이다.

몽골에서는 이런저런 모임이 많았다. 우리는 어디를 가든 가족 모두가 함께 움직였다. 그러다 보니 가기 싫어도 가야 하는 경우가 있었다. 그런데 찬혁이는 그런 자리에 마지못해 따라오곤 했다.

나는 찬혁이의 그런 태도가 그다지 달갑지 않았다. 그대로 내버려둘 수가 없었다. '왜 혼자만 저러지?'라는 마음이 스멀스멀 올라왔다. 나는 찬혁이에게 '가족이라는 울타리 안에서' 함께하고 나누어야 한다는 것을 깨우쳐주려고 계속 시도했다.

나의 그런 모습을 보며 아내가 조심스럽게 말했다.

"찬혁이가 안 가겠다고 하면 그냥 내버려두는 게 어때요?"

찬혁이 입장에서 보면 또래가 있으면 괜찮은데 어린아이들만 있는 경우에는 십중팔구 수현이와 함께 아이들을 본다. 물론 수현이와 찬혁이는 이웃들 사이에서 꽤나 유능한 베이비시터로 알려져 있었지만 솔직히 귀찮기도 했을 것이다. 아이들은 유독 잘 놀아주는 수현이 뒤만 졸졸 따라다닌다. 그에 비해 찬혁이는 내가 여기 왜 왔는지 모르겠다는 표정으로 심드렁하게 앉아 있을 때가 많았다.

사춘기 아이는 사회성이 부족하다. 주변 사람들과 조금만 잘 어울리면 얼마나 좋겠는가. 그 자리에 마지못해서 따라왔어도 이왕 온 것 재미있게 놀다 가면 될 텐데 그걸 못했다.

아이는 아이 자체로 바라보라

처음에는 찬혁이가 다른 사람과 어울리지 않고 혼자 있으려는 것을 못마땅하게 생각했다.

'사춘기가 무슨 벼슬인가?'

문득 찬혁이와는 달랐던 내 사춘기 시절이 생각났다. 나는 자랄 때 여러 가지 사정으로 인해 부모가 있기는 하되 함께 생활하지는 못했다. 그러다 보니 혼자 사춘기를 겪어야 했다. 설령 내가 잘못하더라도 어느 누구도 나한테 잘못했다고 야단치는 사람이 없었다. 나는 사춘기 때 반항을 할 대상도 없었고 거짓말을 할 이유도 없었다. 사춘기 때 겪는 갈등이나 변화에 대해 이야기해줄 사람이 없는 상태에서 나는 혼자 그 모든 것을 감당했다.

나의 이런 사춘기 시절과 비교하니 찬혁이의 행동이 더욱 이해가 가지 않았다. 서로 환경이 다르다는 사실을 인지하지 못한 것이다. 당연히 사춘기 아이를 다루는 요령도 알지 못했다. 그러다 아내의 애정 어린 충고로 나중에야 깨닫게 되었다. 그제야 찬혁이와 나의 갈등의 원인이 눈에 보였다. 결국 나한테 원인이 있었던 것이다.

찬혁이는 자연스러운 모습으로 사춘기를 지나고 있었다. 다른 아이보다 덜했으면 덜했지 결코 심하지 않았다. 아이는 아이 자체로 바라봐야 하는데 부모라는 한계를 벗어나기가 쉽지 않았다. 찬혁이의 행동을 가만히 들여다보면 사춘기적 특성을 보이는 행동도 있지만 타고난 기질도 있었다. 찬혁이는 성향 자체가 나와는 많이 다른 아이였다. 어릴 때는 아빠를 보면서 자라니까 내 어릴 적 모습과 비슷하게 자라왔다. 시키는 말을 잘 따르는 아이니 부닥칠 일이 없었다.

그런데 사춘기에 접어들면서 자신의 성격이나 성향이 뚜렷하게 드러났다. 찬혁이는 B형인데, 영화 〈B형 남자친구〉에 나오는 캐릭터 그대로다. 까칠하고, 자기 주관 강하고, 타협하지 않는다. 반면 나는 기분파에 순간적으로 욱하는 성격이다. 그러니 내가 일방적으로 밀어붙이는 모양새가 될 수밖에 없었다.

내가 찬혁이에게 강요 아닌 강요를 한 건 나의 인생에서 안타깝다고 생각한 것들이었다. 찬혁이에게 못마땅했던 부분을 가만히 생각해 보면, 내가 어렸을 때 스스로에게 못마땅하게 여기던 행동이었다.

"찬혁아, 할 말 있으면 해. 아빠가 다 들어줄 테니까."

내가 이렇게 말을 해도 찬혁이는 분명하게 자신의 생각을 말하지 않는다. 바로 내 어렸을 때의 모습이다. 내가 너무 바보 같다고 생각했던 나의 모습. 어렸을 때 내성적인 성격 탓에 하고 싶은 말이 목까지 차도 하지 못했다. 결국 찬혁이에게 소리를 지르며 말을 하라고 다그친 것은 내 어릴 적 상처에 대한 반응이었다. 사실은 나도 그때 부모님에게 혼이 많이 났다. '말을 못해서 침묵을 지키는 것'은 나의 콤플렉스였는데, 하필이면 찬혁이한테서 그런 점이 보이니까 필요 이상으로 반응한 것이다. 찬혁이의 그런 버릇을 꼭 고치게 하고 싶다는 생각이 강했기 때문이다.

아들은 나와 똑같은 실수를 되풀이하지 않기를 바랐다. 그런데 그것이 오히려 내 생각을 아들에게 강요한 꼴이 되었다. 어떤 대화를 나누든 내 속에 있는 그런 마음이 불쑥불쑥 솟아나왔다. 그러니 대화가 제대로 될 리 없었다. 게다가 내가 미리 답을 정해놓고 그것에 가까운 답을 해주기를 바랐다. 당연히 찬혁이는 그 답을 모를 수밖에 없었다. 사람마다 정보를 받아들이고 해석하는 방식이 다른데 나는 그것을 무시했다. 나와는 다르다는 걸 인정해야 하는데, 나와 같은 방식을 강요하는 잘못을 범한 것이다.

나의 10대에 찬혁이의 사춘기를 자꾸 오버랩하면서 보다보니 더욱 이해가 안 되었다. 찬혁이는 기질 자체가 나와는 다른 아이였는데도 말이다.

부모로서 시행착오가 많았던 시간들

아빠

어느 가정이나 엄마가 맡은 역할, 아빠가 맡은 역할이 있는데, 역할 분담은 각자 가지고 있는 성향이나 기질에 따라 달라질 것이다. 엄마가 엄할 수도 있고, 아빠가 엄할 수도 있다. 한국 사회에서 일반적인 모습은 엄마가 아이들을 돌보면 엄마가 아이들을 혼내고 아빠는 아이들과 놀아준다. 한국에 있을 때는 우리 집도 그랬다. 아이들이 어렸을 때는 하루 종일 엄마가 같이 있다보니 잔소리는 엄마 차지, 나는 저녁 늦게 들어와서 아이들한테 좋은 말만 해주는 착한 역할을 맡았다. 하지만 몽골에서는 가족 모두가 같이 있게 되자 그동안 아내가 해왔던 역할을 나누어 맡게 되었다.

만약 한국에서와 같았다면 나는 굳이 야단치는 아빠가 되지는 않았을 것이다. 아이들의 마음을 다독이는 감정의 문제는 아내에게, 교육과 관련된 문제는 주로 내게 넘어왔다. 오른손과 왼손처럼 내가 혼내면 아내가 다독이는 역할을 했다. 둘 중에 하나가 혼내면, 다른 하나는 다독여야 한다.

아이들은 아이들만의 세계가 있다

그런데 지금 다시 엄마의 역할, 아빠의 역할을 생각해보니 그동안 시행착오의 시간들이었다. 특히 나는 아빠로서 실패한 시간이 많았다. '이렇게 아이들을 키웠다'라고 말하기가 부끄러울 정도다. 나는 욱하는 기질이 있어서 아이들을 혼낼 때는 호랑이처럼 무섭게 혼을 냈다. 반면 예뻐할 때는 엄청 예뻐했다. 화를 많이 내지만 또 금방 풀고 화해를 청하는 편이었다. 게다가 '딸바보'라, 두 아이가 똑같이 잘못을 해도 수현이한테는 화를 내기가 쉽지 않았다. 영리한 수현이는 언제나 나의 불호령을 피해갔지만 찬혁이는 그렇지 못해서 혼이 났다. 그러다 보니 찬혁이는 아빠를 많이 무서워했다.

찬혁이는 안 맞아도 될 야단을 많이 맞았다. 나도 찬혁이를 야단치고 싶지 않았고, 제발 수현이처럼 영리하게 피해가주기를 바랐지만 그렇게 되지 않았다. 나는 찬혁이를 기다려주지 않았고, 찬혁이는 나를 피해가지 않았던 것이다. 나는 늘 성급하게 야단부터 치고는 뒤늦게 '아차' 후회를 했다.

아이들은 분명 아이들만의 세계가 있다. 그것은 어른처럼 논리적이거나 설명할 수 있는 세계가 아니다. 스마트폰을 가질 형편이 안 되는 걸 알지만 갖고 싶은 것이 아이들의 마음이다. 친구가 귀찮은 요구를 하더라도 친구니까 해준다. 그러나 어른들은 합리적인 잣대로 바라보려 하기 때문에 이해를 못하는 경우가 많다. 내가 그랬다.

많은 부모들이 아이가 말을 잘 들었으면 좋겠다고 말한다. 하지만 나는 찬혁이가 나의 뜻대로 움직였으면 좋겠다고 생각하지는 않았다. 다만, 자신의 생각을 적극적으로 드러내고 자신이 원하는 것을 해가기를 바랐을 뿐이다. 무조건적인 순종이 아니라 합리적인 타협을 원했다. 그런데도 아이를 존중하지 못하고 야단을 쳤으니, 부모인 내가 반성문을 써야 하는 건 당연하다!

부모라도 잘못된 부분은 인정하고 사과하라

부모도 실수할 수 있으니까 잘못한 부분은 인정하고 아이에게 용서를 구해야 한다. 그런데 부모라는 자리는 자식 앞에서 자신의 실수를 인정하기가 쉽지 않다. 중요한 건 그런 마음을 극복하고 자식한테 잘못한 부분을 시인하고 사과할 수 있는 용기를 갖는 것이다. 자식도 마음속으로는 자기가 잘못한 게 없다고 생각하더라도 부모한테 너무했다 싶으면 사과할 줄 알아야 함은 물론이다.

가족 간에 관계가 어떤지 가장 잘 보이는 시기가 아이가 사춘기 때인 것 같다. 가족 간의 관계가 꼬여 있다면 그때 증폭되어 나타난다. 따라서 이 시기에 가족 안에서 자신의 행동을 돌아보고, 잘못된 부분이 있다면 바로잡도록 노력해야 한다. 찬혁이와 아빠만의 문제가 아니라 눈에 보이지 않고 숨어 있던 가족 전체가 풀어야 할 문제가 여기저기서 돌발변수로 작용한다. 경제적 어려움, 자책, 자존감 결여 같은 주변적인 것들이 덫을 치고 있는 상황에서 사춘기 아이가 지나가다 걸리게 된다.

엄마의 몫과 아빠의 몫. 보통은 아이를 키울 때 역할이 따로 있다. 대부분은 그것을 본능적으로 감지해낸다. 그러나 그것만으로 부족할 때가 있다. 그때는 가족 모두에게 도움을 구해야 하는데, 바로 아이의 사춘기 때다. 그렇지 않으면 사춘기 아이는 그물에 걸리는 순간 하루에도 몇 번씩 야단맞는 신세가 된다. 해결되지 않은 문제로 긴장한 부모의 눈에 아이의 행동 하나하나가 곱게 보일 리 없다. 지나고 나서 보니 그것이 더욱 분명히 보인다.

과도한 책임감이 갈등을 부르다

아빠

2011년의 겨울은 혹독했다. 그 겨울 나는 마음의 짐을 벗지 못해 2개월 넘게 위염에 시달렸다. 죽만 먹으면서 끙끙 앓는 시간이 계속 되었다. 몸의 병이 마음의 병이 된 것인지, 마음의 병이 몸의 병이 된것인지 모르지만 덜컥 자리에 눕게 되면서 그야말로 바닥을 보게 되었다.

찬혁이와 대립 아닌 대립을 하고 아내를 힘들게 한 것은 모두 나의 해결되지 않은 문제 때문이었다. 게다가 나는 찬혁이에게 약한 모습을 보이지 않으려고 반대로 행동했다. 선교지로 몽골을 선택했을 때는 '하나님의 뜻에 따라 살고자 할 때는 하나님이 우리를 책임져 주고 이끌어주실 것이다'라는 신앙적인 확신이 있었다. 그랬기 때문에 후원자도 충분히 모이지 않고, 양가 부모님이 반대하는데도 몽골로 향할 수 있었다.

급기야 하나님을 원망하다

그런데 몽골에 온 지 얼마 되지 않아 아이들을 학교에 보내지 못하는 상황이 되었다. 물론 그때는 뜻밖의 상황이었지만, 좌절하지는 않았다. 그동안의 경험을 통해서 안 좋은 상황이 닥치더라도 그 경험에서 새로운 기회를 잡은 적이 많았기 때문이다. 그래서 분명 지금의 이 힘겨움을 통해서 반전이 일어날 수도 있을 것이라 긍정적으로 생각했다.

그러나 홈스쿨링이 2년째에 접어들자 아이들이 학교에 보내달라고 슬슬 떼를 썼다. 그때 아이들을 학교에 보낼 상황도, 다시 한국으로 돌아갈 형편도 되지 않았다. 거기에 개인적으로 후원하던 분들이 점점 줄어들어 재정적인 압박마저 심했다. 그해 겨울 나는 너무 힘든 나머지 신념까지 흔들렸다. 급기야 나를 이곳으로 인도한 하나님께 분노를 터뜨렸다.

"나는 당신에 대한 믿음으로 이곳에 왔는데, 이게 뭔가요! 우리 부부는 괜찮습니다. 그런데 아이들만큼은 책임져주셔야 하는 것 아닌가요!"

이런 내 속의 부대낌 때문에 아이들에게 더욱 엄격하게 대했다.

한마디로 찬혁이의 사춘기를 그 자체로 받아줄 만한 여건이 되지 않았다. 그런데 그것을 자꾸 '사춘기 탓'으로 돌리니 찬혁이는 얼마나 괴로웠겠는가.

이런 상황에서도 가족들은 잘 버텼다. 내가 책임지려고 하지 않아도, 아니 아무것도 책임지지 않아도 가정은 잘 굴러갔다. 여기서 한 가지 깨달음을 얻었다. 어떤 것에 대해서 내가 책임질 수 있는 것, 책임져야만 하는 것, 책임을 지지 않아도 되는 것, 책임질 수 없는 것이 있는데, 내가 책임지지 않아도 되거나 책임질 수 없는 일에 대하여 과도하게 집착하면 오히려 나 자신이나 다른 사람에게 깊은 상처를 줄 수 있다는 것을 말이다. 과도한 책임감은 나의 어깨를 무겁게 할 뿐만 아니라 다른 사람의 역할을 빼앗거나 약화시킴으로써 그에게 부정적인 영향을 끼치게 한다. 다른 사람이 나에게 의존할 수밖에 없도록 만듦과 동시에 내가 그 책임을 다하지 못하면 나에게 의존한 사람을 절망하게 한다.

따지고 보면 그동안 내가 가지고 있던 가장으로서의 책임감은 하지 않아도 되는 걱정을 미리 하는 것에 불과했다. 나는 그동안 나를 옥죄고 있던 가장으로서의 과도한 책임감을 벗어던지기로 결심했다. 내가 애써 이끌지 않아도 찬혁이는 찬혁이대로 수현이는 수현이대로 아내는 아내대로 각자 몫의 역할을 해나갔다. 그리고 그동안 내가 가정을, 아이들을 지탱한 것이 아니라 아이들 덕분에 내가 버텼다는 사실을 깨닫게 되었다.

나는 가족 안에서 나의 위치를 곰곰이 되돌아보며 한발 물러서서 가족을 바라보았다. 가장으로서의 부담감을 떨쳐내니 모든 것이

다시 희망적으로 보였다. 무엇보다 찬혁이를 있는 그대로 보게 되었다. 그날 이후 우리 집은 훨씬 평화롭고 행복해졌다.

"내가 변하면 세상 모든 것이 변한다. 다른 사람을 변화시키려 하지 말고 스스로 변화하려고 노력하라"는 말은 늘 내가 아이들에게 해오던 말이었다. 답은 바로 그 안에 있었다.

아마 아이들이 더 클 때까지 그런 상황이 계속되었더라면 정말 돌이키지 못할 상황까지 갔을 수도 있다. 부모뿐만 아니라 아이들도 엄마, 아빠의 좋지 않은 모습을 바로 옆에서 지켜보는 건 고통이다.

가족이라면 그것까지도 품어야겠지만, 정말 가족으로서 품을 수 있는 한계를 경험하기도 했다. 어느 집이나 이런 시련의 시기는 있을 것이다. 그럴 때일수록 어깨에 올려진 짐을 잠깐 내려놓고 서로 믿으면서 기다려야 할 것이다.

갈등의 원인은 하나가 아니다

이런 사정을 고백하는 이유는 가정에서 갈등이 일어나는 원인이 한 가지에 국한되어 있지 않다는 것을 말하기 위해서다. 아마도 여러 가지 문제가 복합적으로 얽혀 있을 것이다. 대부분의 경우 아이의 사춘기로 인해 빚어진 문제가 불거지는 과정에서 고구마 덩굴처럼 숨겨져 있던 다른 문제들이 딸려 올라오곤 한다. 그것을 제대로 풀어야만 진정한 대화가 이루어질 수 있다.

그 뒤 나는 이 원인들을 하나씩 따로 떼어놓고 보기 시작했다. 나와 다르다는 사실을 인정하고 다시 아들을 바라보기 시작한 것이다.

찬혁이를 바라볼수록 새로운 면이 발견되었다. 처음에는 찬혁이가 재미있고 서정적인 노랫말을 가지고 노래를 만들어서 감성적이라고만 생각했다. 그런데 친구와의 관계나 왕따에 대한 사회적 메시지를 담은 노래를 만든 걸 보면서 드러내진 않지만 사회에 관심이 많은 아이라는 걸 인정하게 되었다.

몽골에 있으면서 우리는 한국 청소년들의 왕따나 자살 관련 기사를 볼 때마다 가슴 아파했고, 그런 피해를 입은 아이들을 위해 기도했다. 아마도 찬혁이는 그런 일련의 일과 그것을 노래로 만들어내는 과정을 통해서 세상을 보는 눈이 넓어지고 깊어졌는지도 모른다. 그렇다면 찬혁이는 나이에 비해 성숙한 아이일까? 꼭 그렇지는 않다. 겉으로는 진중하고 성숙해 보이지만 사실은 여전히 친구 좋아하고 멋 내는 것 좋아하는 10대일 뿐이다.

요즘은 찬혁이의 눈빛만 봐도 어떤 생각을 하고 무엇을 원하는지 알 수 있다. 찬혁이가 어떤 아이라는 것을 머리끝부터 발끝까지 잘 알고 있기 때문이다. 아이를 있는 그대로 보면 분명 재발견하는 시간이 올 것이다.

아빠를
용서해주렴!

아빠

'나의 과도한 책임감이 아이에게 고통을 주었구나!'

나의 잘못을 깨달은 순간, 우리 가정의 문제가 무엇인지 좀 더 자세히 보였다. 내 어릴 적 성장 과정에서 비롯된 상처와도 관련이 있었다. 요즘 30, 40대 중에 끼니를 걱정해야 할 정도로 지독한 가난을 겪으면서 자란 사람은 많지 않을 것이다. 그런데 우리 부부는 경제적으로 어려웠거니와 부모님도 사이가 좋지 않았다. 우리 부모님은 내가 중학교 때 이혼을 했고, 아내의 부모님은 평생을 함께하긴 했지만 화목한 가정을 꾸리진 못했다. 이런 트라우마 때문인지 내 인생에서 최고의 선물인 아내와 결혼할 때 왠지 모를 불안감이 있었다. 아이가 생겼을 때 그 불안감은 더욱 커졌다.

'과연 내가 아빠 노릇을 잘할 수 있을까?'

그런데 정작 아이가 태어나자 걱정은 눈 녹듯 사라지고 마냥 좋았다. 아버지란 어떤 존재인지도 저절로 알게 되었다. 아이들을 키우면서 내 어릴 적 상처가 치유되었다. 하지만 그 상처 때문에 아이들에게 상처를 주는 아빠가 되기도 했다. 늘 실수하지 않으려고 다른 사람보다 몇 배 더 노력한 것이 문제였다.

가정은 책임감과 실수 없는 완벽함만으로 유지되지 않는다. 그보다는 서로에 대한 사랑과 신뢰, 서로 인정하고 받아들이는 관계가 만들어졌을 때에야 비로소 행복할 수 있다. 나는 이것을 찬혁이가 사춘기를 지나는 동안 배웠다. 가장으로서의 과도한 책임감 때문에 나 자신뿐만 아니라 아이들과 아내를 힘들게 한 뒤에야 깨닫게 된 것이다. 엄밀하게 말하면 나를 힘들게 함으로써 아내와 아이들을 힘들게 했다. 아내와 아이들은 오히려 우리가 좋은 것을 못 입거나 못 먹어도 괜찮다고 생각했다. 심지어 학교에 못 가도 괜찮다고 생각했다. "괜찮다, 다 괜찮다"라고 아내와 아이들이 위로했지만 나는 결코 괜찮지 않았다.

진심으로 용서를 구하라!

기독교 신앙에 권리포기란 것이 있다. 내게 주어진 선택권과 자율권 또는 기득권을 기독교 신앙을 통해 깨닫게 된 하나님의 숭고한 뜻에 위탁하고 순종하는 것을 뜻한다. 나는 나와 가족에 대한 문제를 고스란히 하나님께 맡겼다고 생각했는데 사실은 그게 아니었다. 하나님은 가족들에게 '괜찮다'는 답을 주셨지만, 나는 그것을 받아들이지 못했던 것이다. 내가 생활의 전반을 책임지려고 하니 반대로 모든 게 힘들었다. 그것을 깨닫는 순간 하나님께 사죄했다. 그리고 아내와 아이들한테도 용기를 내어 진심으로 용서를 구했다.

"그동안 아빠가 문제였어."

"찬혁아, 너한테 상처되는 이야기를 많이 해서 미안하다!"

그렇게 한 번이 아니라 여러 번에 걸쳐 용서를 구했다. 물론 아이들한테 용서를 너무 자주 구해도 아빠로서의 권위와 신뢰가 떨어지겠지만, 용서를 구해야 할 때 구하지 않으면 위선적이 된다.

아이들은 나의 진심 어린 사과를 받아들여주었다. 그리고 이렇게 농담을 했다.

"아빠, 앞으로는 잘하세요!"

사실 나는 지금도 찬혁이한테 알게 모르게 상처 준 것을 생각하면 눈물이 날 정도로 미안하다. 그래서 가끔 찬혁이에게 물어본다. 내가 아프게 한 일들에 대해. 그러면 찬혁이는 전혀 기억이 나지 않는다는 투로 말한다.

"아빠, 그런 적이 있어요? 기억 안 나는데요?"

내가 어렸을 때 떼를 심하게 쓰면 가끔 아버지가 나를 컴컴한 방에다 가두고 못나오게 하는 벌을 주셨는데, 나도 찬혁이한테 그렇게 했다. 아무도 없는 좁은 방에 어린아이가 혼자 있으면 얼마나 공포스럽겠는가. 방에 갇히자 찬혁이가 자지러지게 울어서 곧바로 문을 열기는 했는데, 아이의 얼굴이 공포와 땀으로 범벅이 되어 있었다. 그런 아이의 얼굴을 보는 순간 가슴이 철렁했다.

'내가 아이한테 대체 무슨 짓을 한 것인가?'

좋은 아빠가 되려면 먼저 자신의 문제를 해결하라

아내는 찬혁이가 그 일을 떠올리지 못하는 것은, 아빠가 자신을 무섭게 혼내기는 했지만 평소에 자신을 얼마나 사랑하는지를 온몸으로 알고 있었기 때문이라고 말한다. 그 이후에도 여전히 말하고 행동하는 것에 실수는 하겠지만, 가능하면 사람들에게 상처를 주는 행동이나 말을 하지 않으려고 조심했다. 그리고 똑같은 실수를 두 번 다시 하지 않기 위해 나의 내면에 있는 상처를 들여다보는 시간을 가졌다. 그 상처는 언제든 무방비 상태에 있는 아내와 아이를 공격할 수 있었기 때문이다.

'아이가 나한테 받은 상처가 해결되지 않으면, 이 아이도 커서 자기도 모르는 사이에 사랑하는 사람들한테 상처를 주는 사람이 될 수도 있겠구나!'

좋은 아빠가 되려면 가정의 문제를 해결하기 전에 자신의 문제를 먼저 해결해야 한다. 그러고 나면 아무것도 문제가 되지 않는다.

이 사실을 처음 깨달은 것은 이미 서른 중반, 결혼생활을 10년 넘게 하고 나서였다. 가정을 꾸리면서 알게 모르게 한 잘못들에 대해서 가족들에게 용서를 구하자 변화가 일어났다. 찬혁이가 먼저 반응을 보였다. 나를 신뢰하고, 누구보다 내가 자신을 사랑한다고 믿기 시작했던 것이다.

부모도 실수투성이다. 아이들이 원하는 것은 부모가 실수하지 않는 것이 아니라, 어떠한 방식으로든 자신들에 대한 끈을 놓지 않는 것이다. 부모 스스로 부족하다고 인정하는 순간 자식들이 오히려 부모를 이해하고 받아들이게 될 것이다.

비록 힘들기는 했어도 우리가 함께 보낸 몽골에서의 시간들이 찬혁이의 삶에 분명 의미 있는 시간들로 작용할 것이라 믿는다. 부모가 서툴러 아이에게 상처를 입혔고, 사과를 했고, 그리고 더 뜨겁게 서로를 이해하게 되었다. 두 번 다시 반복하고 싶지 않은 경험들이지만, 지금 되돌아보면 우리 가족이 사랑과 신뢰로 더욱 다져지기 위해 필요한 시간들이었던 것 같다.

소통에도 연습이 필요하다

아빠

사람들은 보통 자신이 익숙한 소통 방식으로만 다가가려 한다. 나는 찬혁이와 수현이에게도 같은 방식으로 한다. 수현이는 나의 방식에 어떻게 대응해야 하는지 잘 알고 어떤 경우든 자신의 생각을 솔직하게 말한다. 보통은 애교스럽게 자신의 생각을 말함으로써 나의 입을 다물게 만든다. 그러나 찬혁이는 다르다. 아내보다 더욱 완강하게 입을 다무는데다 더욱 나를 화나게 하고, 더욱 미안하게 만든다. 찬혁이는 다른 사람 앞에서는 말을 잘하는데 유독 내 앞에서만은 그랬다. 이처럼 찬혁이와 내가 대화가 되지 않은 이유는 내가 일방적으로 몰아갔기 때문이다.

'내가 이렇게 하면 아빠는 이런 말을 할 것이고, 그럼 나는 또 이렇게 대응할 것이고, 아빠는 또 이렇게 대응하겠지.'

찬혁이는 무슨 일을 하든 머릿속으로 그림을 그리는 버릇이 있는데, 아빠와의 일전(?)도 머릿속에서 바둑 기보 정리하듯이 하는 경향이 있다.

가족 간의 소통 방식에 대해서 고민해보라

가족 간의 소통을 원한다면 소통 방식에 대해서 고민해봐야 할 것이다. 우리 가족도 처음부터 소통이 잘 되지는 않았다. 아내와 다툴 때 굳이 그걸 아이들에게 숨기지 않았다. 부부 싸움은 아이들은 몰라야 한다고 하는 사람도 있는데, 아무리 숨긴다고 해도 그 분위기가 숨겨질까? 부부 싸움을 하면 나는 맹렬하게 감정을 쏟아내는 편이다. "왜 말을 안 해?"라고 내가 쏟아낸 데 대해서 아내의 생각을 묻곤 한다. 물론 이게 과연 묻는 것인지 의문이지만 말이다.

아내는 나와는 다르다. 아내는 더 이상 말을 하지 않고 입을 다문 채 눈물을 뚝뚝 흘린다. 그러면 나는 "왜 우냐고?"라고 우는 이유를 또 다그친다. 아마도 나처럼 대응해주기를 바라기 때문일 것이다. 싫으면 이런 이유로 싫다고 반론하고 같이 화를 내주기를 말이다.

그런데 이상하게도 하루만 지나면 우리는 다시 아무일도 없었던 것처럼 되돌아간다. 아마도 아내가 나와의 싸움을 지혜롭게 잘 넘겨서 그런 것 같다. 시간이 어느 정도 흐르면 나는 다시 아내에게 차분하게 "저번에 왜 그랬어? 나는 당신의 행동이 이런 것으로 해석되었어"라고 물어본다. 그러면 아내가 눈물을 쏟으며 솔직하게 털어놓는데, 꼼짝없이 내가 미안한 상황이 된다. 눈물을 쏟을 만큼 속이 상한 사람은 아내였던 것이다. 나는 잘못했다고 사과를 한다.

부부싸움을 할 때 나는 내 안에서 해결되지 않은 문제들을 모두 쏟아내는 편이고 아내는 반대로 참는 편이다. 한 사람이 쏟아내기 때문에 다른 한 사람은 참게 된 것인지도 모른다. 지금은 나는 덜 쏟아내고, 아내는 말을 더 한다. 이것은 우리가 소통을 위해 노력하는 과정에서 얻어진 변화이다.

부모 자식 간에도 대화의 기술이 필요하다

마찬가지로 부모 자식 간에도 대화의 기술이 필요하다. 부모와 자식 사이에 무슨 대화의 기술이 필요하느냐고 하겠지만, 소통이 잘 되고 안 되고는 바로 그 기술이 결정한다. 찬혁이와 대화가 되지 않았던 경우를 짚어보면, 아들의 대답을 기다리지 못하고 내가 흥분해서 쏟아낸 경우가 많았다. 부모가 아이를 먼저 이해하는 자세를 가져야 비로소 대화가 시작될 수 있다. 많이 들어주면 아이도 말을 많이 한다.

무엇보다 대화의 방식을 바꿔야 한다. 이렇게 대화를 이끌어가야지라고 다짐을 하지만 찬혁이와 대화할 때는 이상하게 차근차근 풀어나가지 못했다. 그도 그럴 것이 아이가 무척이나 예민해서 '아빠가 나에게 무슨 할 말이 있구나'라고 생각하면 먼저 긴장했기 때문이다.

그래서인지 정색을 하고 대화를 하려고 하면 말을 더듬거나 머뭇거렸다.

"우리 이야기 좀 하자."

부모가 정색을 할 때 대화를 풀어나갈 수 있는 배짱 좋은 아이는 없다. 그래서 화가 나거나 속상할 때는 대화가 아니라 노래를 하거나 딴짓을 했다. 일단은 풀고 나서 다음 기회를 엿보는 쪽을 택한 것이다. 오히려 수다를 떨듯이 아무렇지도 않게 이야기하면 잘 통했다.

보통의 가장들은 자녀들에게 변하기를 요구하면서 정작 자신은 잘 변하지 않는다. 나도 그랬으니까. 그러면 절대로 소통이 이루어질 수 없다. 소통이란 서로 같이 노력하는 것이지 한쪽의 노력을 강요하는 것이 아니기 때문이다. 나는 내가 변할 수 있게 도와달라고 가족들에게 솔직히 고백했다. 내가 지금까지 한 일 중에서 가장 용기 있는 행동이 아니었나 싶다.

아무리 화가 나도 아이한테 상처 주는 말은 하지 마라

아이가 사춘기를 보내는 3~4년 동안 부모는 시행착오를 겪지 않을 수 없다. 그럴 때 한발 물러나서 혹시 아이한테 잘못하고 있는 부분은 없나 생각해볼 필요가 있다. 부모라고 해서 다 잘 아는 건 아니니까. 남편이나 아내 또는 사춘기를 겪고 있는 아이의 형제 또는 자매에게 지금 나의 모습이 아이에게 상처를 주고 있는지, 아니면 현명하게 잘하고 있는지 조언을 구하는 것도 좋은 방법이다.

서로 어떻게 행동할지 의논을 하는 것도 필요하다. 사춘기를 이미 겪었거나 그 시기를 지나는 중인 다른 형제가 있다면 그 아이한테 물어보는 것도 방법이다.

"아빠랑 오빠 사이가 어떤 것 같아?"

"뭐가 잘못인 것 같아? 아빠가 어떻게 하면 좋을까?"

우리 가족은 나랑 찬혁이가 갈등을 겪을 때 아내와 수현이가 중재를 했다. 두 사람에게 구체적으로 어떻게 하면 좋을지 방법을 제시할 수는 없었지만, 두 사람이 생각할 수 있는 시간을 만들어주었다. 나는 그때 아내와 많은 이야기를 했다. 아마도 결혼생활을 하면서 가장 많이 대화를 했을 것이다.

"아무리 화가 나도 아이에게 상처 주는 말을 해서는 안 될 것 같아요. 사춘기 때는 그러한 말들이 더 가슴에 남고 오래가잖아요. 그것이 어쩌면 아이의 트라우마가 될 수도 있어요."

아내의 말은 가슴 깊숙이 남았다. 아내는 찬혁이에게도 조언을 했다.

"너도 잘못한 부분이 있어. 그게 뭔지 생각해보았으면 해."

그러면 나는 찬혁이에게, 찬혁이는 나에게 와서 사과를 했다. 내가 먼저 수긍하면 찬혁이도 곧 수긍했다. 아이와의 소통에서 중요한 것은 아이를 먼저 탓하기 전에 나를 먼저 돌아보는 것이다.

아이의 권위를 인정해주어라

아빠

여러 가지 어려움이 있었지만 몽골에 오길 잘했다고 생각한다. 그렇게 생각한 가장 큰 이유는 찬혁이의 사춘기를 함께 겪었기 때문이다. 한국에서 살 때처럼 새벽에 나가서 밤늦게 들어왔다면 그런 경험을 결코 하지 못했을 것이다.

한국에서 살 때 아내는 나에게 번번이 경고를 했다. 아마도 가정을 위해 헌신한다고 생각하는 많은 아빠들이 이런 경고를 받을 것이다.

"찬혁이가 곧 중학생이 되고 사춘기가 될 텐데, 아빠가 이렇게 시간을 함께 못 보내면 아이들과 멀어질 거예요. 수현이는 괜찮겠지만 특히 찬혁이는 아빠랑 멀어질 수 있어요."

"나중에 찬혁이와 친해지고 싶어도 그때는 이미 늦을지 몰라요."

아내는 찬혁이가 남자아이이기 때문에 아빠의 역할이 특히 중요하다고 늘 이야기했다. 나는 그 말을 마음에만 담아두고 있었다. 그런데 몽골에 와서 영하 40도를 오르내리는 추위에 집 안에서 온 가족이 붙어 있고, 어려운 시기를 함께 보내면서 우리는 똘똘 뭉쳤다. 비록 힘들긴 했지만 그 과정을 겪으면서 진정한 부모가 된 듯하다. 부모가 자녀와 대화를 할 때도 요령이 필요하다는 것을 알게 되었고, 자녀에 대해서 제대로 이해하게 되었다.

찬혁이는 모든 것이 복합적으로 섞인 아이다. 친구들과 놀 때는 외향적이지만 기본적으로는 내성적이다. 친구들 앞에서 장난치거나 자신을 어필할 때는 위트 있게 말을 잘하다가도 진지하게 이야기를 해야 하는 자리에 가면 말을 더듬었다.

'자신감이 부족해서 그런가?'

찬혁이의 태도를 두고 처음에는 그렇게 생각했다. 그런데 자세히 보면 그것도 아니었다. 자신감이 부족하다면 친구들 앞에 나서서 웃긴 행동도 하지 않았을 것이고, 댄스 동아리를 만들어 리더 역할을 하지도 않았을 테니까.

아이를 새롭게 발견하다

찬혁이와의 관계가 서서히 회복되고 있을 때 아내에게서 한인 교회에서 같이 봉사를 해보자는 제의를 받았다. 교회에서 학생부 교사를 맡고 있던 아내는 나에게 중·고등부 아이들로 구성된 찬양팀 지도를 맡아달라고 했다. 순간, 밖에서 본 아이들의 모습이 집에서 본 것과 다르면 어떻게 할까, 또 아이들은 아빠가 아닌 선교사로서의 내

모습을 어떻게 받아들일까 살짝 두려웠다. 게다가 집에서도 보고 교회에서도 보면 얼마나 지겹겠는가!

그런데 이런 나의 생각과 달리 찬혁이와 수현이는 열렬히 환영했다. 그 후 가족이 24시간을 함께한 6개월은, 특히 나에게는 더할 수 없는 큰 발견의 시간이었다. 바로 찬혁이를 새롭게 발견한 것이다. 나는 교회에서 찬혁이의 모습을 보고 깜짝 놀랐다. 가끔 아내가 교회에서 찬혁이가 어떤 아이인지 들려주기는 했지만 내가 직접 보니 체감 정도가 달랐다. 다른 사춘기 아이들과 섞여 있으니 찬혁이의 특징이 더 잘 드러났다.

아이들은 시샘인지 부러움인지 모를 말을 했다.

"찬혁이 때문에 짜증 나 죽겠어요. 춤을 너무 잘 춰요."

찬혁이는 잠시도 쉬지 않고 아이들을 끌고 다녔다. 찬혁이가 없으면 놀 때 재미가 없다는 아이들의 말이 실감이 났다.

친구잖아요

찬혁이가 교회 생활을 잘 해보고 싶은데 재미있는 게 없을까 고민하다 생각해낸 것이 워십 댄스 동아리였다. 처음에는 찬혁이와 여학생들 몇 명으로 출발했지만, 나중에는 남자아이들까지 합류해서 다른 교회에서 초청을 받을 정도로 영향력 있는 동아리로 발전했다.

아이들이 늘어날수록 단체행동 역시 중요해진다. 그동안 나는 리더란 구성원이 단체행동을 잘할 수 있도록 강하게 이끌어야 한다고 생각했다. 그러나 어떤 일을 계기로 그 생각이 조금 바뀌었다. 동아리 친구 중 한 명은 찬혁이가 언제 올 거냐고 전화를 하면 그제야 찬혁이가 데리러 오면 가겠다고 했다. 교회까지 걸어서 15분이면 가는데, 친구집을 들렀다 가면 30분 이상이 걸렸다. 그런데도 찬혁이는 그 친구를 데리러 갔다.

나는 그 모습을 보고 찬혁이에게 말했다.

"리더답게 좀 따끔하게 해봐."

"친구잖아요. 어떻게 그래요."

그게 찬혁이가 친구들을 이끄는 방식이었다. 동아리는 겉으로 보기에는 규율이나 절도가 없어 보였지만 내부적으로는 조화를 잘 이루고 있었다. 낙오하는 아이들 없이 잘 꾸려졌고, 사분오열하는 것 같지만 결정적인 순간에는 결집되어 멋진 무대를 보여주곤 했다.

아이의 방식도 존중하라

또 한 가지 놀라운 점은 찬혁이의 '끼'였다. 〈개그 콘서트〉 같은 콩트도 잘 짜고 춤 추는 모습도 꽤 놀라웠다. 찬혁이가 춤을 추자 아이들이 찬혁이 주위로 경쟁적으로 춤을 추며 몰려들기 시작했다. 아내가 그동안 "찬혁이가 하면 달라요"라고 한 말을 실감하는 순간이었다. 아이가 그렇게 신나게 춤을 추는 걸 본 적이 없는 나로서는 어안이 벙벙해졌다. 나는 찬혁이가 춤을 추는 모습을 캠코더로 찍으며, 내가 아이에 대해서 너무 모르고 있었구나 반성했다.

사춘기가 되면 아이는 '왜 부모 마음대로 하려고 하나, 나도 생각이 있다, 내 의견도 존중해줘' 따위의 뜻을 담은 말을 한다. 부모에게 자신의 역할과 권위를 인정받고 싶은 것이다. 찬혁이는 그런 모습을 한 번도 보이지 않았다. 그런데도 찬혁이에 대해서 알게 될수록 아이의 권위를 세워주어야겠다는 생각을 하게 되었다. 찬혁이는 다른 아이들처럼 반항하지 않고, 나와 다른 성격과 기질을 가졌다는 것을 말이 아니라 행동으로 보여주었다.

그날 나는 찬혁이가 신나게 춤을 추는 모습을 부모에게 거리낌없이 보여준 것에 감동했다. 특히 워십 댄스 동아리를 이끌어나가는 방식은 나와는 전혀 다른, 그야말로 찬혁이다운 방식이었다. 나는 그것을 통해 찬혁이의 방식도 존중해야 한다는 걸 받아들이게 되었다.

아내와 나는 그날 이후 아무리 사소한 것이라도 찬혁이의 의견을 먼저 물어보았다. 그전에도 아이들의 의견을 묻긴 했지만, 그것은 아이들의 의견을 존중해주기 위해서라기보다는 설득하기 위해서인 경우가 많았다. 그러나 이제는 아이들이 원하는 대로 해주기 위해 먼저 물어보았다.

그 결과는 놀라웠다. 찬혁이와의 관계가 서서히 회복될 무렵, 아이들의 친구들이 집에 놀러왔다. 내가 외출하려고 하자 찬혁이가 뛰어와서 수현이가 내게 하듯 "아빠 다녀오세요!" 하면서 나의 볼에 뽀뽀를 하는 게 아닌가. 나는 그 뽀뽀로 찬혁이의 사춘기도 우리 가족의 갈등도 지났음을 예감했다.

part

3

꿈으로 가는 길

만들어주기

어느 날 갑자기 재능이 쏟아지다

엄마

부모는 아이가 공부를 하든, 축구를 하든, 친구를 만나든 자신이 예상하는 범위 안에서 움직여주길 바란다. 그래서 그 예상 범위를 벗어나는 행동을 하려고 하면 "딴짓하지 말고 공부해"라고 말한다. 하지만 아이의 재능은 아이 자신도 부모도 예기치 못한 전혀 엉뚱한 기회에 엉뚱한 곳에서 우연히 발견되는 경우가 있다.

찬혁이가 작곡을 시작하게 된 것도 그랬다. 친한 형이 '아이팟'이라는 노래를 만들자, 그 순간 '갤럭시'라는 노래가 떠올랐다고 한다. 이 노래의 가사를 쓰고 멜로디를 입히는 데 30분이 채 걸리지 않았다. 멜로디도 좋고 노랫말도 서정적이었다.

나는 대뜸 물었다.

"찬혁아, 정말 네가 만든 거야?"

"엄마, 왜 그러세요!"

아이의 꿈 찾기가 이렇게 드라마틱할 줄 몰랐다. 찬혁이는 그날 '갤럭시' 외에 노래를 하나 더 만들었다. 어느 날 갑자기 쏟아져나오기 시작한 노래는 그날 이후로 멈출 줄 몰랐다. '갤럭시'를 시작으로 '우울하니' '다리꼬지마' '먹물 스파게티'……. 이렇게 노래가 쏟아져나오는 이유를 아이 자신도 몰랐다. 한 번도 제대로 된 음악 수업을 받아본 적이 없다보니, 우리는 물론 찬혁이 자신조차 그런 재능이 숨어 있을 거라고 상상하지 못했다. 한 번도 해보지 않은 일은 자신이 잘하는지 모르는 게 당연하다. 찬혁이는 자신이 작곡을 잘하는지도 모른 채 가족들과 친구들이 좋아해주니 신이 나서 계속 해나갔다.

그래 한번 해봐!

우리는 찬혁이가 노래를 만들겠다고 했을 때 "그래 한번 해봐!"라고 말했는데, 그 한마디가 이렇게 큰 결과를 가져올 줄 몰랐다. 아마 다른 아이들도 마찬가지일 것이다. 분명 재능이 있는데 그걸 찾지 못하는 것일 뿐이다. 그렇다면 '한번 해보는 것'이야말로 아이들의 인생에 가장 의미 있는 일일 수 있다. 우리는 그동안 아이들에게 "한번 해봐"라는 말을 무수히 했다. 덕분에 아이들도 새로운 일을 하는 데 망설이거나 두려움이 없다.

'잘되면 좋고 잘 안 되더라도 그 과정에서 무언가를 배울 수 있다.'

우리가 입에 달고 사는 말이다.

찬혁이는 친구들에게 어떤 노래를 만들지 묻기도 하고, 스스로 이런 걸 만들어봐야지 생각을 하기도 하며 1년 동안 무려 70여 곡을 만들었다. 그 노래들의 느낌이 다 달랐고, 어디에서도 들어보지 못한 것들이었다. 도대체 그 노래들은 어디서 왔을까? 찬혁이의 머릿속? 경험? 아니면 먼 우주?

그런데 한편으로 보면 전혀 놀랍지도 않았다. 찬혁이는 그동안 작곡은 하지 않았지만 나름대로 자신의 세계를 지속적으로 만들어왔다. 그러다 작곡과 만나는 순간, 재능이 쏟아진 것이다. 그 순간은 누구에게나 드라마틱하게 다가올 것이다. 그 재능이 어떤 것이든! 그 순간은 아이도 부모도 모를 수 있다. 그러나 아이의 장난이나 치기로 생각하지 않고 "더 만들어봐"라고 계속 격려했기에 오늘의 악동뮤지션이 탄생하지 않았나 싶다. 만약에 하지 말라고 윽박질렀다면 아무런 일도 일어나지 않았을 것이다. 아니, 아이는 여전히 꿈을 찾느라 방황하고 있었을 것이다.

해보지 않은 건 아이 자신도 모른다

찬혁이를 보면서 '해보지 않은 건 모르는 것'이라는 사실을 깨달았다. 그것이야말로 가능성이란 세계일 것이다. 그동안 찬혁이는 작곡을 해보지 않았기 때문에 그런 재능이 있다는 걸 몰랐다. 이전에도 찬혁이가 재능을 보인다 싶은 게 몇 가지가 있었다. 그림이나 글쓰기에도 어느 정도 재능 있었다. 그러나 자신이 하겠다고 하지 않은 이상 그것을 하도록 강요할 수는 없었다. '너는 글쓰기에 재능이 있어.

해봐!' 이렇게 강요할 수는 없는 것이다. 아이 역시 '한번 해보지'라는 생각은 들었지만 열심히 하지 않은 것으로 봐서 그만큼 좋아하지는 않았던 모양이다. 그럼 우리는 더 이상 강요하지 않았다.

찬혁이가 해보지 않아서 몰랐던 것이 하나 더 있었다. 찬혁이가 노래를 만들면 수현이가 화음을 넣었다. 그런데 어느 순간부터 찬혁이가 즉석에서 화음을 넣었다. 남편이 놀라서 물었다.

"찬혁아, 너 화음 넣을 줄 아니?"

"이게 화음 넣는 거예요?"

우리는 그때까지 몰랐다는 것이 놀라웠다. 남편이랑 기타를 치고 노래를 부르면 대부분 남편이 화음을 넣었다. 우리는 찬혁이가 화음은커녕 노래도 그다지 좋아하지 않는다고 생각했다. 아니, 노래를 못한다고 생각했다. 더욱 기가 막힌 사실은 남편 말에 따르면 찬혁이가 넣은 화음의 완성도가 거의 완벽하다는 것이었다. 남편은 몇 번이고 같은 말을 반복했다.

"어떻게 이런 일이 있을 수 있지? 왜 우리 아이들한테 이런 재능이 있다는 사실을 몰랐을까?"

그물코 같은 아이의 재능을 건드려라

등잔 밑이 어둡다는 것이 이 경우에 해당했다. 아마 다른 아이와 부모도 그럴지도 모른다. 찬혁이는 그동안 제대로 해보지 않았기 때문에 자신에게 작곡 능력이 있는지, 화음을 넣는 능력이 있는지, 노래를 잘 부르는지 몰랐다. 게다가 찬혁이는 완벽주의 성향을 타고났다. 자신이 잘한다고 스스로 납득하기 전에는 잘 하려 하지 않는다. 반면에 수현이는 해보지 않은 일들도 자신감 있게 하려 한다.

"우리가 왜 진작에 아이의 이런 재능을 못 알아봤을까?"

"노래는 늘 수현이가 잘했으니까 찬혁이를 유심히 보지 않아서 일까?"

찬혁이의 재능을 발견한 걸 기뻐하는 한편으로 부모로서 자기 반성의 시간을 가져야 했다. 우리는 아이들이 어렸을 때부터 음악과 함께 살았다. 집에서도 저녁마다 기타를 치고 노래를 불렀고, 교회에서도 찬양단 활동을 했다.

우리는 아이들에게 기회를 많이 주었다고 생각했는데, 찬혁이의 경우를 놓고 보면 그것도 아니었던 모양이다. 이 일을 겪으면서 자녀에 대해서 가장 모르는 게 부모일 수 있겠다는 생각이 들었다. 그래서 아이에게 도전할 기회를 많이 주라고 하는 모양이다. 이것저것 도전하다보면 아이 내부에 있는 그물코 같은 재능을 건드릴 수도 있을 테니 말이다.

재능이 쏟아지는 시점이 분명 있다

엄마

"찬혁아, 노래가 정말 좋구나. 노랫말도 어쩜 이렇게 아름다울까!"

우리는 찬혁이가 만든 노래에 푹 빠져서 하루 종일 신나게 노래를 불렀다. 노래도 좋았지만 찬혁이가 만들었다는 것에 더욱 감동을 받았다.

멜로디도 서정적이고 아름다웠다. 한때 찬혁이는 그때그때 떠오른 생각이나 느낌을 연습장에 낙서처럼 끄적였다. 그렇게 끄적인 것들을 나는 버리지 않고 잘 간직했다. 그 낙서들을 보면서 어떤 것은 기발하고 어떤 것은 아름다운 표현이라고 생각했는데, 노래 가사에서 그 흔적이 나왔다.

우리는 찬혁이가 만든 노래를 화장실에 갈 때나 소파에 앉아 있을 때나 어디를 가든 하루 종일 흥얼거렸다. 이런 가족의 열렬한 호응이 찬혁이에게는 큰 동기부여가 되었을 것이다.

부모가 조급해서는 안 된다

그렇다면 찬혁이가 그 이전까지 가족에게 이렇게 열렬한 지지를 받은 적이 없었나? 그렇지는 않았다. 그전과 다른 점이라면 계속해서 노래를 쏟아냈다는 점이다. 우리는 다음에 어떤 노래가 나올까 기대하며 기다렸다.

하지만 남편과 나는 찬혁이가 계속 작곡을, 아니 음악을 직업으로 할 것이라고는 생각지 못했다. 그건 그야말로 특별한 사람이나 하는 줄 알았다. 찬혁이가 특별한 사람이 아니라는 말이 아니라, 일반적인 분야는 아니기 때문에 예측을 못했다는 말이다. 무엇보다 어떻게 작곡을 하는지 그 비결이 궁금해서 물었다.

"찬혁아, 어떻게 노래를 만들었어?"

"그냥 멜로디가 떠올랐어요."

찬혁이의 답은 의외로 간단했다. 아이의 말대로라면 은하 너머에서 멜로디가 섬광처럼 다가와서 아이 속으로 들어온 것이다.

여기서 꼭 말하고 싶은 것은 재능이 쏟아지는 시점이 분명 있다는 것이다. 부모가 조급하면 아이가 압박감에 휩싸여 재능을 끌어내지 못한다. 찬혁이가 그런 경우였다.

2011년 늦은 봄에 비자 때문에 한국에 와서 3개월을 지내는 동안 신나게 노는 아이들을 보면서 우리는 뭔가 잘못하고 있었음을 깨달았다. 우리가 2년 반가량 해왔던 홈스쿨링은 본래 우리가 가지고 있던 삶의 철학이나 방식과 맞지 않았다. 공부가 인생의 전부가 아닌데 아이들에게 은근히 공부를 강요했던 것이다. 그래서 그해 가을, 아이들에게 그냥 놀라고 선언했다.

압박에서 벗어나자 재능이 쏟아지다

그때 마침 몽골 한인 교회 아이들 사이에서는 기타 붐이 일었다. 찬혁이는 기타를 제일 못 치는 아이였다. 코드를 모르니 주법을 알 리 없었다. 두 달 정도 혼자서 기타를 뚱땅거리더니 도움을 요청했다.

"형들이랑 친구들이 기타를 배워요. 저도 기타 배우면 안 돼요?"

우리는 교회에서 기타를 잘 치는 형을 소개해주었다. 기타를 배운 지 두어 달쯤 지났을 때 찬혁이가 어느 정도 치는지 궁금해서 그 형에게 물어보았다.

"찬혁이 기타가 좀 는 것 같니?"

"아니요. 찬혁이가 기타 치기 싫어하고, 게다가 가르쳐주는 대로 하는 걸 지루해해서 아직 두 곡도 못 끝냈어요."

한 곡은 쉬운 곡이라 빨리 끝냈는데, 두 번째 곡은 아직 반도 못 익혔다는 것이다. 나는 찬혁이가 기타 치는 걸 재미있어하지 않는다고 생각했다. 물론 기타를 가르쳐주는 방식이 맞지 않았을 수도 있다. 찬혁이는 누가 이렇게 하라고 하면 순순히 그대로 따라하는 아이가 아니다. 혼자서 시행착오를 거듭하면서 배운다. 갖고 놀면서 배워야 제대로 배우는 것이다.

바로 그때 찬혁이의 재능이 쏟아져나온 것이다. 아이들에게 '그냥 놀아라'라고 선언한 지 반 년이 채 못 되었고 이제 막 새롭게 홈스쿨링을 시작하려는 시점에.

남편과 내가 찬혁이의 재능을 찾기 위해 고심할 때 오히려 찬혁이는 달팽이처럼 움츠러들기만 했다. 나는 이 사실에 주목하고 싶다. 수현이는 예전부터 "노래를 잘한다" "목소리가 개성 있다"는 말을 많이 들었지만, 찬혁이는 모든 것에 대한 압박을 내려놓자 우리도, 심지어는 본인도 몰랐던 재능이 쏟아져나왔다는 것을 말이다. 우리가 욕심을 거두자 아이들에게는 전혀 새로운 세상이 열렸다.

세상 모든 것이 아이를 향해 있다

엄마

나는 찬혁이가 만든 노래들을 좋아한다. 찬혁이가 노래를 만들 때마다 언제 외웠는지도 모르게 다 외워서 아이들과 함께 목청껏 노래를 부른다. 그중에서 '작은 별'이라는 노래를 특히 좋아한다. 노랫말을 가만히 듣고 있으면 눈물이 난다.

밤중 어딘가 소녀의 기도 소리가 들려오면
그건 작은 별의 잠꼬대일 거야
밤중 어딘가 소년의 고백 소리가 들려오면
그건 작은 별의 뒤척임일 거야

반짝반짝 작은 별님 날 조금만 비춰주세요
이제 어때 좀 봐줄 만은 한가요

동쪽 하늘 서쪽 하늘 둘러보면
모든 하늘은 그렇게 날 향해 있다죠

사람들이 힘든 일에 처해 세상을 바라보면 '나는 왜 이런가!' 하는 생각을 한다. 그런데 알고 보면 세상 모든 게 나를 향해 있다. 별도, 달도, 동쪽 하늘 서쪽 하늘도. 그런데 나만 그것을 느끼지 못할 뿐이다. 세상에 나 혼자라는 생각이 들 때 눈을 돌려 주변을 둘러보면 나를 지켜봐주는 따뜻한 시선들이 있음을 느낄 것이다.

이 노래를 듣다보면 이런 생각이 든다.

'그래 맞아. 내가 이 세상의 중심이지. 세상 모든 것이 나를 향해 있지.'

모든 아이마다 타고난 재능이 있다

'작은 별'이라는 노래의 가사처럼 세상 모든 것이 아이를 향해 있다. 아이마다 각자의 재능을 가지고 있다. 물론 아이의 숨겨진 재능을 부모가 발견하지 못할 수도 있다. 기독교적인 관점에서 보면 하나님은 모든 사람에게 달란트를 주셨다. 달란트는 사람마다 가지는 관심사나 취미에서 발견될 수 있다. 취미가 발전하면 특기가 되고, 특기가 더 발전하면 직업이 될 수 있다.

그래서 사람마다 자신의 열정을 불러일으킬 수 있는 것이 다르고, 달란트가 드러나는 시점도 다르다. 그런 측면에서 보면 부모인 우리는 몰랐지만 찬혁이 안에 재능이 잠재되어 있었을 것이다. 그것이 우리가 정말 예측하지 못한 시점에 갑자기 드러난 것이라 할 수 있다. 그러니 모든 아이는 각자 타고난 재능이 있을 것이라는 사실을 믿어야 한다.

우리 책보다 아이들의 책이 먼저 나왔는데, 아이들 책《목소리를 높여 high!》의 추천글로 배우 차인표 씨가 써준 말을 참 좋아한다.

'악동뮤지션이 아니라 찬혁이와 수현이기 때문에,
그냥 여러분이기 때문에 특별합니다.'

사람들은 우리 아이들이 특별하다고 생각할지 모르지만 그렇지 않다. 모든 아이마다 특별한 점이 있고, 우리 아이들은 그것이 조금 일찍 많은 사람들 앞에서 드러났을 뿐이다.

자신의 가치를 스스로 발견하게 하라

아직 이르기는 하지만 우리는 아이들이 자신이 좋아하는 일을 즐겁게 하면서 세상을 살아갈 수 있게 되어 다행이라고 생각한다. 찬혁이가 자신의 재능을 우연히 발견해서 드러낸 것처럼, 다른 아이들도 그럴 기회를 갖는다면 어떻게 될지 모르는 일이다. 그런데 그 재능을 부모가 가르쳐주어야만, 부모가 돈을 들여서 학원에 보내야만 계발할 수 있다고 생각하는 것 자체가, 아이들이 더욱 잘할 수 있는 길을 막는 것은 아닐까 생각해 보았으면 한다. 어떤 꿈이든 리스크가 없는 꿈은 없다.

그것은 아이가 그 누구도 대신해줄 수 없는 자기 삶의 주인공이 되어, 자신의 가치를 스스로 찾아낼 때 비로소 발견할 수 있다. 세상에서 주변인 또는 엑스트라가 아닌 자기 삶의 주인공으로 살아가는 사람들은 언제나 당당하고 자신감이 넘친다. 행복을 꿈꾸기에 매사에 긍정적이다. 좀 더 짓궂은 아이들이라면 세상을 깜짝 놀라게 할 만한 아이디어를 부지런히, 즐겁게 찾을지 모른다. 어떤 아이들은 튀지는 않아도 자신만이 아는 소소한 즐거움을 주는 것들을 하나하나씩 책상 서랍에 넣어둔다.

더구나 사춘기는 자신만의 세계를 추구하는 때이기 때문에 아이들의 서랍장에 무엇이 들어 있을지, 그것이 어떤 위력을 가진 것일지는 특별한 관심을 갖지 않고서는 도무지 알 길이 없다. 결국은 이런 것들이 적절한 기회를 만나면 봇물처럼 터져나올, '타고난 재능'일지 어찌 알겠는가. 서랍장에 쌓여 있는 아이들의 관심사와 재능이 세상 밖으로 나오기 위해서는 '적절한 기회'를 만드는 부모의 세심한 관심과 배려가 필요하다.

재미있으면
힘들어하지 않는다

엄마

'어떻게 해야 저 아이 속에 들어앉아 있는 것을 볼 수 있을까?'

찬혁이는 자기 속을 잘 보여주지 않는다. 그래서 아이의 마음속에 무엇이 들어 있는지 늘 궁금했다. 초등학교 1학년 때 담임 선생님이 학부모 상담 때 했던 이야기를 지금도 기억하고 있다.

"찬혁이 속에는 나이 지긋한 할아버지 한 분이 앉아 계시는 것 같아요."

뛰어놀 때 보면 천진한 아이인데, 말할 때는 노인 같은 소리를 한다는 것이다. 지금도 찬혁이가 무슨 생각을 하는지 가끔 궁금할 때가 있다. 무슨 일이 생겨도 이야기하지 않고 혼자서 끙끙 앓는 편이기 때문이다.

찬혁이가 그림 그리는 걸 좋아해서 '방과 후 미술'을 한 적이 있다. 한 달가량 했을 때, 선생님한테서 전화가 왔다.

"어머니, 찬혁이가 그림을 참 잘 그려요. 그런데 어느 날 보니까 아이가 땀을 뻘뻘 흘리면서 그림을 그리고 있어요."

나는 놀라서 반문했다.

"아니, 왜요?"

선생님도 이상해서 찬혁이한테 물어보았다고 한다.

"찬혁아, 왜 이렇게 땀을 흘려? 어디 아프니?"

"아니요."

"그림 그리기가 싫어?"

"아니요, 좋아요. 그런데 처음 그린 그림이 마음에 안 들어서 다시 그리고 있어요."

"다 못 그려도 괜찮아. 천천히 해."

선생님은 찬혁이의 부담을 덜어주려고 그렇게 말했다고 한다.

아이의 상태를 파악하라

찬혁이는 집에서도 그림 그리는 것을 매우 좋아하는데, 그때까지 한 번도 땀을 뻘뻘 흘리며 그리는 것을 본 적이 없어 예감이 좋지 않았다. 그래서 아이의 상태를 확인할 필요가 있었다.

나중에 찬혁이에게 슬쩍 물었다.

"그림 그리면서 왜 그렇게 땀을 뻘뻘 흘렸니?"

"시간 내에 다 안 그려져서요."

선생님이 다 못 그려도 괜찮다고 했는데도 찬혁이는 시간 내에

다 그리려고 했던 것이다. 시간 내에 그리지 못하는 게 싫었던 것이다. 그게 아이한테는 엄청난 스트레스였다는 것을 직감할 수 있었다. 그런데도 찬혁이는 방과 후 미술에 대해 한 번도 싫다는 소리를 한 적이 없었다.

"방과 후 미술 하는 거 힘드니? 엄마한테 이야기를 하지 그랬어. 엄마는 네가 힘들다면 억지로 시키는 사람이 아닌데, 왜 선생님한테도 말 안 하고 엄마한테도 말 안 하고 억지로 했어? 방과 후 미술 그만둘까? 엄마는 네가 재미있게 하는 게 좋아."

그제야 찬혁이는 "예"라고 대답했다. 찬혁이는 자유로운 걸 좋아하는 아이다. 그런데도 자기 생각을 잘 말하지 않는다. 만약 내가 그것을 파악하지 못한 채 "찬혁아, 너는 그림을 잘 그린대. 소질이 있대. 그러니까 계속 그리렴"이라고 했다면, 아이는 계속 스트레스를 받으면서 그렸을 것이다.

억지로 하게 하지 마라

찬혁이는 재미있으면 그 일이 아무리 힘들어도 한다. 아니, 힘들다는 생각조차 하지 않고 신이 나서 한다.

〈K팝 스타 2〉에 참가했을 때도 나는 그 점이 우려되었다. 이제 다 커서 어릴 때처럼 자기주장을 하지 못하는 경우는 없겠지만, 자신이 시작했다는 책임감 때문에 하기 싫은 걸 억지로 할 수도 있겠구나 싶어서다. 나는 예전의 경험을 떠올리며 찬혁이에게 몇 번이나 힘들면 그만두라고 했다. 그러나 아이는 힘들어하면서도 끝까지 하고 싶어 했다. 그래야 할 것 같다고 거듭 강조하면서.

나는 이때 또 한 가지 교훈을 얻었다. 어렵긴 하지만 자기 안에서 해야겠다고 생각하면 끝까지 한다는 것을.

마음껏 하게 할 때 창의력이 나온다

엄마

아이가 어렸을 때 부모는 이것저것 욕심을 부리게 된다. 피아노를 뚱땅거리기 시작하면 음악 천재인 것 같고, 그림을 쓱싹쓱싹 그리면 그림 천재인 것 같아서다. 예닐곱 살 시절에는 아이가 무엇을 하든 새롭고 놀랍다. 아이에게 능력이 숨어 있는 것을 보면 부모 눈에는 콩깍지가 씐다. 그때는 다들 자식에 대해서 착각을 많이 한다. 그래서 가만히 지켜보는 것은 참으로 어려운 일이다. 왠지 아이에게 무엇인가 해주어야 할 것 같고, 특히 경제적으로 여유가 있다면 좀 더 좋은 것을 해주고 싶어 한다. 이렇게 부모의 욕심대로 하다보면 아이는 하나 둘 하는 것도 많아진다. 그러다 아이가 커가면서 부모의 눈높이도 조금 낮아진다.

그 시기의 아이에게는 여러 가지 재능이 있는 것이 사실이다. 음악을 잘하는 아이는 미술도, 말하기도, 영어도 잘한다. 요즘 아이들을 보면 못하는 게 없다. 아이 때는 뭐든 시작하면 잘 받아들여서인지 곧잘 한다.

혼자서 해보게 하라

그런데 나는 가장 좋지 않은 게 바로 이때 아이를 학원에 보내는 것이라고 생각한다. 미술 잘한다고 미술 학원에 보내고, 음악 잘한다고 음악 학원에 보내는 것이 아이의 재능을 계발하는 게 아니라 오히려 획일화시킨다고 믿기 때문이다. 어느 정도 나이가 되어서 학원에 가는 것과는 또 다른 이야기다.

초등학교 1, 2학년 때는 창의력이 막 터져나오는 시기다. 엉뚱한 것을 만들어놓고도 "잘 만들었죠?"라고 으스대고, 음악이든 미술이든 이것저것 도전도 많이 한다. 부모는 아이가 배우지 않은 걸 하면 '천재'인 줄 안다. 남들보다 조금만 잘해도 '소질 있다'라고 생각한다.

우리는 아이들을 미술 학원에 보내지 않고 집에서 마음대로 그리게 했다. 그랬더니 진짜 이상한 그림들이 튀어나왔다. 찬혁이는 자기가 그린 그림에 놀라서 울면서 방을 뛰쳐나간 적도 있다. 몬스터를 그리고 있었는데, 그리다 보니 너무 무서웠던 것이다. 미술 학원에서 어떤 것도 배우지 않은 덕분에 찬혁이의 그림은 굉장히 독특한 면이 있다. 반면에 수현이는 그림을 못 그린다. 일찌감치 미술 학원에 보냈다면 다른 아이들과 똑같은 그림을 그렸을 것이다. 물론 그림의 완성도는 지금보다 더 나을지 모르겠지만, 독특한 분위기의 그림은 나오지 못했을 것이다.

나는 몇 개월간 미술 학원에서 아르바이트를 한 적이 있다. 그때 보니 열 명에 한 명꼴로 그림을 잘 그렸다. 같은 소재를 주고 그림을 그려보라고 하면 열에 아홉은 똑같은데 한 명은 전혀 엉뚱한 그림을 그렸다. 그런 아이들은 창의력을 키울 수 있는 쪽으로 계속 배워야 하지만, 나머지는 다른 데서 재능을 찾아야 한다. 거기서 거기인 아이들에게 기능을 계속 연마시키다보면, 처음보다는 좋은 결과를 얻겠지만 없는 재능이 생기지는 않을 것이기 때문이다.

아이가 모든 것을 잘할 수는 없다

요즘 부모들은 경제력이 되는데다 아이를 한두 명만 낳다보니 아이에게 노는 시간 대신 꿈을 발견할 수 있도록 많은 기회를 제공한다.

그러면서 아이에게 말한다.

"이게 다 너를 위해서야."

아이한테 너를 위해서 하는 것이라고 하지만 그게 정말 아이를 위한 것일까? 남편과 나도 한때는 찬혁이와 수현이가 무엇이든 잘해서 칭찬받는 아이가 되었으면 좋겠다고 생각했다. 마음 같아서는 아이들이 피아노를 배울 때는 피아노 실력이 쑥쑥 늘었으면 좋겠고, 그림을 그릴 때는 남다르게 잘했으면 좋겠다는 바람이 있었다.

그런데 찬혁이는 피아노 실력이 생각만큼 늘지 않았다. 수현이는 그림에 별 흥미가 없는 것 같았다. 찬혁이는 글을 쓰고 곡을 만드는 것은 잘할지 모르지만 못하는 것도 많다. 찬혁이 수현이 모두 공부를 잘하지 못했고, 그 외에도 못하는 게 많다. 아이들이 모든 걸 잘할 수는 없다. 그러나 부모 입장에서는 아이들이 잘할 수 없다는 것을 받아들이기가 쉽지 않다.

언제부터인가 사람들은 찬혁이에게 '작곡 천재'라고 한다. 찬혁이가 천재였으면 싶었을 때는 있었지만, 한 번도 천재라고는 생각하지 않았다. 다만 다른 아이들보다 작곡에 재능이 있고, 좀 더 잘하기 위해 노력했을 뿐이다. 수현이도 마찬가지다. 오빠와 〈K팝 스타 2〉에 나가서 자신의 목소리에 대한 확신을 좀 더 갖게 되었을 뿐이다.

아이만의 색깔이 재능이다

찬혁이보다 작곡을 잘하고, 노래를 잘 부르는 아이는 많다. 요즘은 다들 음악 학원 등에서 집중 교육을 받다보니 기능적으로 세련된 면이 있다. 반면에 우리 아이들은 서툴지만 남과 다른 노래를 부른다고 생각한다. 우리 아이들을 지칭하는 '시골의 고구마 밭에서 온 것 같은 아이들'이라는 말은 그만큼 자신의 색깔이 있다는 뜻일 것이다. 나는 그것이 아이들의 재능이고, 특징이라고 생각한다. 찬혁이를 흉내 내서 노래를 몇 곡 만들 수는 있겠지만 찬혁이처럼 생각하지는 못할 것이다.

수현이가 번번이 보컬 트레이닝을 받다가 실패한 것도 같은 이유일 것이다. 선생님이 부르라는 대로 불렀더니 소리의 폭은 커졌지만 전혀 수현이 같지 않았다. 〈K팝 스타 2〉에 출연할 때 찬혁이가 "수현이가 부르고 싶은 대로 부르게 해주세요"라고 요구하자 음악 작가들이 모두 동의했다. "지르는 건 잘하는데 그건 수현이 같지 않아"라는 게 그 이유였다.

지금 수현이를 가르치는 선생님은 "잘한다" "잘한다" 하면서 아이를 격려한다. 그러면 아이는 이렇게도 해보고 저렇게도 해본다. 자신의 생각대로 노래를 부르는 것이다. 자신에게 가장 잘맞는 방법은 결국 자신이 찾아야 한다. 그러기 위해서는 부모가 우선 아이가 하고 싶어 하는 것을 마음껏 할 수 있는 바탕을 마련해주어야 하지 않을까.

부모로서
꿈으로 가는 길은 마련해주자

아빠

아이들의 재능이 일찍 발견되고 대중적으로도 알려지자 주변에서는 "좋겠다" "잘 되었다"라고 한다. 물론 너무나 감사하다. 그러나 몽골에서 아이들이 만든 노래를 듣고 부르는 것도 좋았다.

"찬혁아, 또 해봐! 또 만들어봐!"

찬혁이는 우리의 응원에 고무되어 계속 노래를 만들었다. 그렇게 찬혁이가 만든 노래가 12~13곡쯤 되자 찬혁이의 음악적인 재능이 조금씩 감지되면서 고민이 되었다.

'부모로서 꿈으로 가는 길은 열어주어야 하는 것 아닌가?'

부모로서의 책임감이 막중하게 느껴졌다.

'우선 아이들이 설 수 있는 무대를 찾아보자.'

그런데 신기하게도 내가 섬기는 교회나 지인들의 모임, MK스쿨 행사 등에서 아이들에게 노래를 불러달라는 요청이 왔다. 아이들은 큰 무대든 작은 무대든 가리지 않고 노래를 부를 수 있는 곳이라면 어디든 기쁜 마음으로 달려갔다.

찬혁이 수현이 뮤지션 만들기 프로젝트

찬혁이와 수현이가 함께 무대에서 노래를 부르면 사람들, 특히 아이들 친구들이 "의외다" "와, 생각지도 못했는데 정말 좋다" "수현이 목소리 좋다" 같은 반응을 보였다.

주위의 이런 뜨거운 반응에 아이들의 노래를 음원으로 만들어 주고 싶었다. 하지만 비용이 너무 많이 들어 엄두를 내지 못했다. 그러다 생각하게 된 것이 페이스북이었다. 나는 페이스북에 '악동뮤지션'이라는 페이지를 열었다. 아이들의 음악 앨범을 만드는 대신 인터넷에 동영상을 올려서 앨범을 대신하자고 생각했다. 그리고 사람들이 어떤 반응을 보일지도 궁금했다. 우리는 아이들에게 무엇인가 해주지 못하는 안타까운 마음과 아이들과 함께 새로운 무엇인가를 한다는 설렘을 가지고 이 일을 시작했다.

'악동뮤지션'이라는 이름이 탄생한 것도 그때다. 인터넷에 동영상을 올리려면 그룹 이름이 있어야 했는데 마땅한 게 떠오르지 않았다. 곰곰이 생각하던 수현이가 '악동뮤지션'이 어떠냐고 하자, 찬혁이는 처음에 유치하다고 했다. '악동'이 '나쁜 아이들'을 연상시킨다고 생각한 모양이다. 그래서 내가 '악'을 '즐거울 악(樂)'으로 바꾸어서 '음악을 즐기는 아이들(樂童)'이라고 하자고 했더니 찬혁이도 웃으면서 동의했다.

우리는 페이스북 페이지에 '찬혁이 수현이 뮤지션 만들기 프로젝트'라는 타이틀로 동영상을 올렸다. 뮤지션 만들기 프로젝트라고 하면 거창한데, 사실 우리는 아이들이 하는 일에 대해서는 동기부여를 위해서 칭찬을 해도 좀 오버해서 하는 경향이 있다. 실제로 뮤지션을 만들 생각이 있었던 것이 아니라, 아이들에게 추억을 만들어줄 작정이었다. '이런 도전도 하고 살았구나' 하고 아이들이 나중에라도 흐뭇해하게.

처음에는 아이들이 부른 노래를 유튜브에 올리고, 그것을 페이스북에 링크해서 페이스북 친구들에게만 오픈했다. 그런데 인터넷에 올린 동영상에 대한 반응이 열광적이었다. 그 반응을 보면서 '어쩌면 아이들이 이쪽으로 갈 수도 있겠구나'라는 생각을 막연하게 했다.

악동뮤지션 마니아가 생기다

그 무렵, 우리 가족은 비자 문제로 한국에 오게 되었다. 한국에 들어와서 친구들을 만나고 온 찬혁이가 말했다.

"아빠, 유튜브보다는 네이트판에 사람들이 더 많이 간대요."

유튜브보다는 네이트판에 아마추어 뮤지션은 물론 일반인도 더 많이 들어온다는 것이다. 찬혁이의 말대로 동영상을 네이트판에 올리자마자 하루 만에 메인 화면에 악동뮤지션이 떡하니 떴다. 너무나 놀라웠다. 반응 역시 좋았다. 간간이 '천재'라는 반응도 올라왔다.

처음에 '다리꼬지마'를 올리면서 100명만 봐도 좋겠다고 생각했다. 조회수가 100을 넘는 순간 온 가족이 컴퓨터 앞으로 몰려와 "와, 100명이나 봤어"라며 감격해했다. 그런데 조회수는 순식간에 1만 명, 2만 명으로 올라갔다. 댓글도 50~60개가 달렸다. 그야말로 순식간에 일어난 일이었다.

찬혁이는 계속 노래를 만들어서 올렸다. 노래를 올리면 사람들이 "또 올려주세요" 하는 댓글이 바로 달렸다. 그게 찬혁이에게는 큰 동기부여가 되었다.

점차 악동뮤지션 마니아도 생겨났다. 찬혁이가 올린 노래 순서를 줄줄이 꿰는 사람, 노래를 다운받아 mp3로 만들어 듣는 사람도 있었다. 더러는 찬혁이의 미니 홈페이지에 와서 글을 남기기도 했다.

'노래 너무 좋아요!'

누군가 이런 댓글을 남기면 우리는 또 우르르 컴퓨터로 몰려가서 흥분했다. 마치 구름 위를 걷는 기분으로 하루하루를 보냈다.

도전은 또 다른 도전을 낳는다

그때 대학생들의 모임인 '프로튜어먼트'라는 곳에서 동영상을 보고 연락이 왔다. 이곳은 아마추어 뮤지션을 양성하는 곳으로, 음악을 하려는 사람들이 교류한다고 했다. 아이들이 이들과 어울리며 음악하는 사람들이 어떻게 살아가는지 경험하는 것도 좋을 것 같았다.

나는 아이들을 불러서 말했다.

"프로듀어먼트라는 곳에서 연락이 왔어. 아빠는 너희가 새로운 곳에서 새로운 사람들을 만나며 새로운 도전을 해보는 것도 재미있을 것 같아. 너희 생각은 어때?"

아이들은 '어떻게 이런 신기한 일이' 하는 눈빛을 교환하더니 말했다.

"좋아요!"

그러자 아내가 옆에서 거들었다.

"거기 가면 너희가 막내야. 뭘 하든 언니 오빠들한테 배운다는 생각으로 열심히 해."

아이들은 이런 마음가짐으로 공연을 보러 다니기도 하고, 길거리 무대에 서기도 하는 등 경험을 쌓아갔다. 그러다 주변에서 "〈K팝 스타 2〉에 나가봐"라고 해서 도전을 하게 되었다. 〈K팝 스타 2〉 예선 시기는 마침 우리가 한국에 머무는 시기와 일치했다. 만약에 아이들이 프로듀어먼트나 교회 무대 등에 서지 않았다면 〈K팝 스타 2〉에도 도전하지 않았을 것이다.

도전은 또 다른 도전을 낳는다. 그때 우리가 일말의 불안감 때문에 아이들을 길거리 공연이나 무대에 서지 못하게 했다면 어떻게 되었을까?

우리는 아이들을 보다 넓은 세계로 내보내기 위해 많은 도전을 하도록 격려했다. 〈K팝 스타 2〉에 나가서 설령 바로 떨어지더라도 좋은 경험이 되니까 한번 나가보라고 부추겼다.

"홈스쿨링이라고 생각해봐. 예선에서 떨어져도 좋은 경험이 될 거야."

인터넷에 동영상을 올리고 〈K팝 스타 2〉 무대에 서기까지 걸린 시간은 불과 6개월 남짓이었다. 그 기간 동안 아이들의 도전의식은 쑥쑥 자라올랐다. 음악적인 재능을 발견함과 동시에 회오리바람 치듯 쉬지 않고 앞으로 나아갔던 것이다.

부모가 좋은 관객이 되어주어라

엄마

찬혁이와 수현이는 어릴 때부터 콩트를 잘 만들었다. 한쪽에서 둘이 키득키득해서 보면 콩트를 만들고 있곤 했다. 보통 찬혁이가 이끌고 수현이가 도왔다.

"잠깐만요, 엄마, 아빠 지금부터 우리가 보여드리는 걸 잘 보세요."

둘은 분장을 한 채 재미난 개그를 보여주었다. 우리는 박수를 치면서 진심으로 즐거워하며 잘한다고 칭찬을 해주었다.

"아, 정말 웃긴다."

"재미있어."

그러면 아이들은 신이 나서 또 다른 콩트를 만들어왔다. 우리가 아이들을 격려하는 방식은 "잘한다"고 말해주는 것이었다.

물론 우리는 기꺼이 관객이 되어 무대를 열심히 감상했다. 콩트가 재미있기도 했지만, 아이들이 직접 짜가지고 와서 하니까 더 웃겼다. 예를 들어 〈개그 콘서트〉를 보면서 재미있는 코너를 발견하면, 그 코너 비슷하게 만들어서 우리에게 보여주었다. 말만 바꿀 때도 있었고, 아니면 완전히 새롭게 만들 때도 있었다.

잘한다고 하면 멈출 줄 모른다

이 놀이는 찬혁이가 고등학교 1학년이 될 때까지 계속되었다. 최근에는 콩트 대신에 몸 개그를 보여주기도 하는데, 몽골에서 비자 문제로 한국에 오기 전까지도 둘이서 콩트를 많이 만들었다. 그러더니 한동안은 노래를 만들어서 우리에게 선보였다.

"엄마, 아빠, 들어보실래요?"

그러면 우리는 노래를 들어주고 같이 불러주었다. 얼마 전에는 외할머니와 이모가 왔는데, 수현이는 혼자 연습한 춤을 추어 보였다. 그러자 찬혁이도 거들었다.

우리는 아이들이 무엇인가를 준비하면 기꺼이 좋은 관객이 되어주었다. 몽골에서 겨울을 날 때는 하루에도 몇 번씩 아이들이 준비한 콩트나 노래, 춤의 무대가 열렸다. 지칠 법도 한데, 아이들이나 우리나 언제나 재미있었다.

"한 번만 더 해봐."

그러면 아이들은 "이제 그만!"이라고 할 때까지 하고 또 한다. 이런 광경이 우리 집에서는 자연스럽게 펼쳐진다. 놀거리가 없어 아이들이 만든 것이지만 이것도 우리 집만의 문화라면 문화다.

한동안 찬혁이가 의기소침한 적이 있었는데, 수현이가 늘 노래를 잘한다고 칭찬을 들었기 때문이다. 남편도 분명 수현이 못지않게 찬혁이를 인정하는 부분이 있었는데, 찬혁이 스스로 기대치가 높아 만족하지 못했는지 의기소침했다. 이건 남편의 문제가 아니라 사실은 찬혁이의 문제였다. 찬혁이가 그 껍질을 깨고 나와야 하는 것이었다.

시행착오 같아 보여도 격려해주어라

찬혁이가 교회에서 친구들과 워십 댄스 동아리를 만들어 춤을 열심히 추었던 것도 사람들이 "잘한다" "재미있다"라고 해서였다. 그때 찬혁이는 자신이 유일하게 잘하는 게 춤이라고 생각했기에 자신의 모든 것을 다해 춤을 추었다. 급기야는 엄마와 아빠가 선교사이고 찬양을 하는 사람이니까 "춤추는 목사"가 되고 싶다고도 했다. 자신이 진심으로 원했던 게 아니어서인지 더 이상 그 말을 하지 않았지만.

우리는 아이들이 신나서 하는 것은 그것이 어떤 일이든 막지 않았다.

"열심히 해봐! 이렇게 하면 더 멋있을 것 같아!"

그러면 아이들은 더욱 신이 나서 열심히 했다. 그러다 시들해지면 다른 걸 찾았다. 그러다 한국 나이로 찬혁이가 고등학교 1학년이 되던 해에 친구들과 놀다가 노래를 만들어왔다. 애들 수준이 그렇겠지 하고 들었는데 우리의 예상을 완전히 빗나갔다.

"찬혁아, 너한테 이런 면이 있었구나. 처음치고는 정말 잘 만들었다."

남편의 칭찬에 찬혁이는 신이 나서 계속 노래를 만들었다.

아이한테 조금의 가능성이라도 보이면 그것을 인정해주고 방향을 설정해주는 게 필요하다. 비록 부모가 보기에 시행착오 같아 보이는 일이라 할지라도 무조건 막는 것보다는 격려해주는 게 좋다. 아이 스스로 해보고 아니다 싶으면 접고 자신이 몰입할 수 있는 또 다른 재미있는 일을 찾을 때까지. 처음부터 말리는 건 그런 일을 찾을 기회를 빼앗는 것이다.

아이의 개성을 존중하고 격려해주어라

엄마

엄마는 자식을 잘 안다고 생각하지만 사실 알고 있는 부분이 얼마나 될까? 나는 늘 찬혁이를 살피고 대화를 많이 했다. 그래서 찬혁이의 교우관계, 학교생활뿐만 아니라 무슨 생각을 하는지도 많이 알고 있다고 생각했다. 그러나 어느 날, 찬혁이의 전부, 아니 일부도 아는 게 아니라는 사실을 깨닫게 되었다.

찬혁이가 작곡을 하자 다들 물어왔다. 어떻게 키우면 그렇게 창의력이 넘치는 아이가 되느냐고. 우리는 대답할 말이 없었다. 정말로 한 게 없었기 때문이다. 더러는 혼자만 알기 위해서 그런다고 서운하게 생각하기도 했다.

창의력은 부모가 찾아주거나 부여해주는 것이 아니라 태어나는 순간부터 주어지는 게 아닐까 싶다. 찬혁이와 수현이를 똑같은 방식으로 키웠지만 작곡은 찬혁이만 한다. 물론 수현이도 언제 어떤 능력이 나올지 모른다. 적어도 우리는 그렇게 믿고 있다.

부모로서 우리가 한 일이라곤 아이들의 개성을 존중해주고 잘하도록 격려해준 것이 전부다. 찬혁이가 어렸을 때 책 판매원이 특정 출판사의 책을 사서 읽히면 창의력을 키울 수 있다고 했지만 그다지 믿음이 가지 않았다. 나중에 창의력과 관련하여 내 나름대로 내린 결론은, 본래 주어진 능력이 어떤 계기를 통해서 발현되는 게 아닐까 하는 것이다. 씨앗도 최적화된 상태가 아니면 싹을 틔우지 않는다.

"찬혁아, 너 작곡 어떻게 했니?"

"그냥 멜로디가 떠올랐어요. 가사를 생각하면서 떠올린 것뿐이에요."

찬혁이가 작곡을 하는 게 신기해서 물어보면 이런 대답이 돌아왔다.

우리는 찬혁이가 쓴 노랫말들을 보면서 문장을 압축해서 표현하는 재능이 있다고 생각했다. 스치는 생각을 잡아내어 압축적으로 표현하는 것 말이다. 반면에 논리적이고 긴 글은 쓰지 못할 것이라고 생각했다.

도대체 어디서 모티프를 얻었을까?

우리 부부가 찬혁이에 대해 또 한 번 놀라는 사건이 있었다. 찬혁이가 〈컬러스〉라는 단편소설을 쓴 것이다. 2012년 2월인가에 80매쯤 되는 단편소설을 1주일도 안 되어 뚝딱 썼다. 찬혁이는 교회에서 아이들을 리드해서 워십 댄스도 하고, 재미있게 놀기도 해서 인기가 많았다. 그러자 MK스쿨 교장 선생님이 찬혁이 같은 아이는 학교에 다녀야 한다며 장학금을 조성했다. 그 장학금 덕분에 찬혁이는 3월부터 다시 고등학교에 다니기로 했다.

그때 겨울방학 국어과목 숙제로 단편소설 쓰기가 있었다. 찬혁이는 아직 학교에 안 다닐 때이므로 국어숙제를 하지 않아도 되었는데 굳이 하겠다고 해서 쓴 게 이 소설이다. 제출 기한에 임박해서 쓰게 되어 결말을 제대로 맺지 못했다고 안타까워했지만 그 자체로 완성도가 높았다. 찬혁이도 뒷부분을 고치고 싶다고 했지만 아직까지 못 고치고 있다.

이 소설을 보고 난 뒤의 느낌은 저렇게 복잡한 판타지물의 모티프를 도대체 어디서 얻었을까 하는 것이었다. 국어 선생님도 내용이 기발하다며 점수를 후하게 주었다.

상상과 몰입으로 스토리를 만들다

'라면인건가'라는 노래의 가사는 처절한데, 정작 찬혁이는 라면이 너무 먹고 싶어서 라면 먹는 걸 상상하면서 노래를 만들었다고 한다.

우리도 찬혁이가 쓴 가사를 보고 깜짝 놀랐다.

'나의 미래가 띵띵 불어버린 라면인건가!'

열여덟 살밖에 안 된 아이, 한 번도 백수로 살아보지 않은 아이가 저렇게 처절하게 이야기를 하나 싶어서였다.

그게 바로 찬혁이의 특징이다. 아이는 상상으로 그 사람들의 처지나 상황에 감정이입이 되어 가사를 쓰고 멜로디를 만든다. 거짓이나 과장 없이, 결벽증에 가까울 정도로 진실에 근접한 어휘를 고르려 애쓰면서.

'도대체 저 아이의 머릿속에는 뭐가 들어 있어서 이런 가사를 썼을까?'

물론 그 답은 알 수 없다. 어쩌면 나뿐만 아니라 찬혁이 자신조차 알 수 없을지도 모른다. 어떻게 그런 노래를 만들었느냐고 물으면, "그냥요"라고 대답하니까 말이다.

지금 생각하면 사춘기 때는 충분히 그럴 수 있다는 생각이 든다. 상상과 몰입이 가능한 열린 뇌가 사춘기의 특성이니까. 찬혁이는 그런 노래를 만들며 간접 경험을 하면서 자신의 사춘기를 어떤 식으로든 완성하고 있었던 것이다.

인간이란 참으로 신비스러운 존재다. 찬혁이의 경우를 보건대 인간의 능력은 무궁무진한데, 어떤 기회가 왔을 때 그 능력 중의 일부가 창의력이란 창을 통해 모습을 드러내는 것이 아닐까 생각한다.

아이들의 꿈을 만드는 게 아니라 지지해주어라

아빠

수현이가 어느날 뜬금없이 버클리 대학에 가겠다고 했을 때 우리는 수현이가 목표를 정한 것을 축하해주었다. 수현이를 눈여겨보던 어느 성악 선생님의 한마디에 자극받은 것이긴 하지만.

"수현아, 네 꿈 멋있다."

"너는 꼭 갈 수 있을 거야."

"지금부터 노력하면 언젠가는 이루어질 거야."

우리는 진심을 담아서 말했다.

찬혁이가 "너 버클리가 어디에 있는 대학인지는 알아?"라고 핀잔할 때도, 수현이는 기가 죽지 않았다.

"어디에 있건 중요하지 않아. 버클리가 최고라고 하니까. 난 최고인 데를 가고 싶은 것뿐이라고."

"내가 간다면 가는 거지. 뭐가 더 중요해."

우리는 수현이의 이런 용기를 높이 샀다. 아내는 수현이의 당돌함을 귀여워했다. 우리는 진심으로 수현이가 버클리 대학에 못 갈 이유가 없다고 생각했다.

해줄 수 있는 것부터 생각하라

많은 부모들은 자녀들을 위해서 못 해주는 것을 먼저 생각한다. 그러나 우리 부부는 해줄 수 있는 것을 먼저 생각했다. 우리는 용기를 북돋아줄 수 있고, 간절히 기도해줄 수 있었다. 우리에 대해 현실감이 없다고 말하는 사람도 있을 수 있다. '버클리 대학 학비만 해도 얼마란 말인가'라고. 우리는 그런 사람과는 다른 현실감을 갖고 있을 뿐이다.

"대학 갈 때 엄마와 아빠가 첫 등록금은 어떻게든 마련해줄 수 있어. 하지만 그다음 등록금부터는 스스로 마련해!"

"공부를 열심히 해서 장학금을 받는 방법도 있어."

이렇게 말해주는 게 우리의 현실감이다. 우리의 형편 안에서 해줄 수 있는 것만 해주겠다는 것이다. 꿈이란 건 스스로 간절히 원하고 노력하지 않고는 이뤄낼 수 없다. 수현이가 버클리 대학에 가겠다고 하면 학비를 다 마련해주고, 일류 선생님에게 레슨을 받게끔 뒷바라지해주어야 할까? 이것은 부모가 자녀의 꿈을 만들어주는 것이다. 우리는 자녀의 꿈을 만들어줄 능력도 없을 뿐만 아니라 그런 행동에 동의하지 않는다. 무엇보다 자신의 꿈을 부모가 만들어줄 만큼 찬혁이와 수현이가 수동적인 아이들도 아니다.

"무엇을 하든 너희는 우리보다 나은 꿈을 꾸고, 나은 일을 할 거야. 최소한 우리보다는 많은 능력을 가졌으니까. 그러니까 꿈을 위해서 노력해봐."

우리는 아이들에게 이렇게 격려해주었다.

부모의 판단과 능력이 아닌 지지와 믿음이 필요하다

아내와 나는 눈앞에 다가오지 않은 미래를 미리 걱정하지 않을 뿐이다. 버클리 대학 학비를 걱정한다는 건 현재 수현이가 대학에 가지도 않았는데 미리 걱정하는 것과 같다. 현실에서 우리가 할 수 있는 최선이 어느 정도인지를 늘 생각한다. 사람의 최선이란 다만 끝이 없다. 그것이야말로 하기 나름 아닐까. 간절하면 하늘이 다 들어준다고? 그건 아니다! 간절히 기도하면서 우리에게 주어진 최선을 다한다면 언젠가는 응답받을 것이란 믿음을 가지고 구할 뿐이다. 현실만 따지면 꿈이란 게 무슨 소용이 있겠는가? 어차피 가진 것 없는 사람은 가지지 못할 텐데 말이다.

지금 당장 수현이가 대통령이 되고 싶다고 해도 우리는 마찬가지의 말을 할 것이다.

"수현아, 멋있다. 그 꿈을 이루기 위해 노력해봐. 넌 할 수 있을 거야."

수현이가 진정으로 원한다면 그 꿈을 이룰 것이다. 다만 우리는 그 꿈이 어떤 것이든 꿈을 이루려는 수현이를 믿고 지지해줄 뿐이다. 이제 수현이는 자신이 원하기만 하면 버클리 대학에 갈 수 있는 가능성이 훨씬 높아졌다. 만약에 버클리 대학에 갔다고 해도 수현이는 또 다른 꿈을 꾸거나 발견할 수도 있을 것이다. 살다보면 얼마나 많은 일이 일어날 가능성이 있는가. 따라서 실현 가능성을 따지며 이렇게 하라, 저렇게 하라고 간섭하고 싶지 않다.

아이들에게는 아이들이 만들어가야 하는 인생이 있다. 아이들에게 필요한 건 부모의 지지이고 믿음이지 판단과 능력은 아닐 것이다.

자기가 하고 싶은 일을 하면서 사는 게 성공이다

요즘 음악을 하는 젊은 사람들이 많다. 음악적인 재능 역시 뛰어나다. 그런데 다만 세상에서 '뜨지' 못했을 뿐이다. 뜨지 못했다고 해서 성공하지 못했을까? 꼭 그런 것만은 아닐 것이다. 음악으로 잘 먹고 잘살지는 못하지만, 음악을 하면서 즐겁고 행복하다면 그것도 멋진 인생이라고 생각한다.

하지만 많은 사람들이 현실적인 잣대를 들이댄다. 처음에는 어느 정도 기다려주지만, 결과가 나오는 시간이 길어지면 주변에서 먼저 지쳐서 이제 그만 포기하기를 강요한다. 눈에 띄게 성공하는 것만이 성공은 아니다. 자기가 하고 싶은 일을 하면서 살아가는 것도 성공이다.

나는 나 또한 성공한 사람이라고 생각한다. 고등학교 시절부터 선교사가 되고 싶었고, 지금은 그 꿈대로 살고 있기 때문이다.

우리는 아이들이 지금처럼 알려지지 않았다고 해도 음악을 계속하겠다고 했으면 그 선택을 지지해주었을 것이다. 아이들이 음악을 하면서 행복한 인생을 살 수 있다면 기꺼이!

〈K팝 스타 2〉, 홈스쿨링의 연장 체험학습

아빠

찬혁이와 수현이가 〈K팝 스타 2〉에 나간다고 했을 때 내심 걱정이 되었다. 서바이벌 오디션 프로그램이란 게 무한경쟁인데, 찬혁이와 수현이는 경쟁을 해본 적이 없었기 때문이다. 몇 등을 할까를 걱정한 게 아니라 행여 그곳에 나가서 마음이라도 다치지 않을까 하는 우려가 컸다.

그런데도 나는 평소대로 도전 의지를 자극했다.

"우아, 재미있겠다! 경쟁이 아니라 도전이라고 생각하고 해봐. 떨어지더라도 얻는 게 있겠지!"

아내의 반응도 나와 다르지 않았다.

"그래, 예선에서 떨어져도 친구들은 하지 못하는 경험을 하는 거니까 진짜 재미있겠다. 부담 없이 집에서 놀던 것처럼 하면 돼. 떨어지면 뭐 어때! 함께 몽골로 되돌아오면 되지."

우리가 덤덤하니 아이들도 덤덤했다. 과정을 통해 무엇인가 얻게 되는 것이야말로 인생의 성장 아니겠는가. 아이들도 그렇게 생각하고 오디션에 참가했다. 그때까지만 해도 우리는 〈K팝 스타 2〉를 홈스쿨링의 연장 체험학습으로 생각했다.

그저 지켜봐야만 할 때도 있다

한국에 둘만 뚝 떼어놓았는데도 아이들은 생각 외로 잘 적응했다. 식탐이 많은 수현이는 밤마다 언니들과 야식을 먹어서 살이 쪘다고 했다. 그러나 가족과 떨어져 있는 건 참기 어려운 모양이었다. 전화기 너머에서 보고 싶다고 울먹이는 수현이를 떼어놓기가 쉽지 않았다. 그럴 때는 당장 그만두고 오라고 하고 싶었다. 하지만 평소에 내가 입버릇처럼 말하던 원하는 걸 하기 위해서는 해야 하는 게 있었다. 아이들은 새로운 도전을 해나가는 법을, 우리는 아이들이 새로운 도전을 잘 받아들이게끔 응원하는 법을 배워야 했다. 그리고 끝까지 최선을 다해야 했다.

수현이는 아직 어려서인지 경쟁 자체를 받아들이지 못했다.

"나 때문에 떨어졌어요."

수현이는 다른 팀들이 떨어진 것을 마음에 담아놓고 있었다. 급기야 저러다 목소리가 나오지 않으면 어쩌나 싶을 정도로 울었다. 딸아이는 자기 자신에게 어떤 기회가 왔는지도 모를 정도로 어렸다. 경쟁의 속성에 대해서 이해하기보다 마음이 먼저 반응했던 것이다. 다음에 어떤 일을 하든 아이들은 이런 속성 안에서 행동할 것이다. 그러니까 수현이는 어쩌면 앞으로도 경쟁을 받아들이지 않고 살 아이였다.

하지만 찬혁이는 예상 외로 경쟁을 덤덤하게 받아들이고 치밀하게 준비를 했다. 자신이 계획한 판에 결과가 얼마나 잘 들어맞는지를 보지 점수에 일희일비하지 않았다. 그것이 찬혁이가 가진 강점이었다. 아이는 자기 자신하고만 경쟁을 하면 되었다.

방송을 통해서 아이들을 보면서 아이들이 사실은 우리가 아는 것보다 더 다양한 면을 가지고 있다는 것을 깨달았다. 나는 찬혁이의 인내심과 뚝심을 다시금 새롭게 발견했다. 그때 찬혁이는 화성학이 뭔지 제대로 이해하지 못했다. 〈K팝 스타 2〉에 나가기 전에 좋은 선생님을 만나 두 달 정도 기초 화성학을 배울 기회가 있었지만, 기타를 배울 때보다 더 어려워했다.

그런데도 해야 한다고 생각하니 그걸 배워서 또 해내고 있었다. 집중력이 놀랍기도 했다. 사람들이 어떻게 반응하는지 하나하나 예민하게 받아들였다. 찬혁이의 멍 때리는 것처럼 보이는 표정은 사실은 상황을 예민하게 받아들이고 있다는 증거였다. 이제 부모로서 해줄 수 있는 일은 그저 지켜보는 것밖에 없는 것 같았다.

아이를 품에서 떠나보낼 준비를 하라

요즘 들어 새롭게 깨달은 사실은 몇 년 안 있으면 아이들이 부모의 품을 떠난다는 것이다. 사춘기는 자녀 입장에서는 자신의 자아를 확립해 사회로 나가기 위한 준비를 하는 시기지만, 부모 입장에서는 자녀를 품에서 떠나보내는 준비를 하는 시기다.

아이들은 이제 부모가 하나에서 열까지 다 세세하게 가르쳐주고 안내해야 하는 과정을 지났다. 힘들어도 혼자서 견뎌내는 과정을 거치며 마음의 키를 키워야 한다. 이제 아이들 앞에는 부모라는 둥지를 떠나는 훈련을 해야 하는 시간이 남아 있다. 그리고 우리는 부모로서 멀찍이 떨어져서 응원해야 한다. 무엇보다 아이들을 떼어놓는 법을 배워야 할 시점이 되었다.

그 3개월 동안
무슨 일이 있었을까

아빠

아이들에게 〈K팝 스타 2〉에 참가하는 과정은 홈스쿨링이나 공부, 검정고시와는 비교할 수 없을 만큼 힘들고 어려웠다. 찬혁이는 밤에 잠도 제대로 못 자고 긴장과 싸워야 했다. 새로운 곡을 만들고, 다른 사람의 곡을 편곡하고, 그리고 무대에 올리기 위해서 리허설을 하는 일련의 과정은 아이들이 지금까지 한 번도 경험해본 적이 없는 것이었다. 보다 못한 우리는 톱10을 앞두고 아이들에게 말했다.

"지금 아니면 그만둘 기회도 없어. 그러니 힘들면 지금 그만둬."

도전할 것이냐 말 것이냐를 결정하는 기준은 이 도전이 나에게 어떤 가치가 있느냐는 것이다. 찬혁이와 수현이에게 도전을 해보라고 했지만, 사실 우리는 아이들이 끝까지 해내지 않아도 된다고 생각했다. 그래서 아이들에게 도전이 힘들면 그만두고, 지금까지 한 것만도 안 한 것보다는 낫다고 말했다. 하지만 아이들은 고개를 저었다.

"우리 때문에 떨어진 사람들에게 미안해서라도 계속 도전을 해야 해요. 우리는 이게 우리 인생에 있어서 큰일이라고 생각하지 않고 도전했는데 다른 사람들은 그렇지 않았어요. 우리가 포기하면 그런 사람들에게 미안해져요."

마음의 소리를 따르게 하라

아이들을 마냥 어리다고만 생각했는데, 그동안 이런저런 일을 겪으면서 훌쩍 자라 있었다. 특히 자신의 생각을 말로 잘 표현하지 않던 찬혁이가 많이 달라졌다. 이 오디션 프로그램의 음악 작가들이나 방송 관계자들은 모두 어른들이다. 그들과 함께 작업하면서 자신의 생각이나 요구를 주장하기가 쉽지 않았을 것이다. 그런데도 찬혁이는 자신의 생각을 또박또박 말했다.

"제 느낌에 아닌 건 아니라고 했어요. 가만히 있으니까 더 안 좋아졌거든요."

수현이에게 맞는 보컬의 느낌을 찾아준 것도, 편곡의 방향을 결정한 것도 찬혁이였다. 아이가 전문가도 아닌데, 뭘 알아서 그랬겠는가. 누구나 마음의 소리를 듣는다. 이건 아니다, 혹은 이렇게 해야 한다. 찬혁이는 자신의 그 마음의 소리가 말하는 대로 움직였다.

'대체 3개월 동안 무슨 일이 있었을까?'

나는 무엇이 찬혁이를 그렇게 바꾸어놓았는지 참으로 궁금했다.

이제 아이들이 우승을 하든 그렇지 않든 결과는 중요하지 않았다. 우승을 한다면 찬혁이는 자신의 새로운 가능성을 알게 될 것이고, 떨어진다고 해도 추억으로 간직하면 될 일이었다. 만약에 찬혁이가 가수가 되고 싶다고 한다면 말리지는 않을 생각이었다.

자기 확신을 갖게 하라

경연이 진행될수록 찬혁이가 가수를 직업으로 삼아도 좋겠다는 생각이 들었다. 꿈을 선택할 때는 잘하는 것만을 기준으로 삼지 않아야 한다. 무엇보다 좋아하는 일이어야 하고, 성실하게 할 수 있는 일이어야 한다. 찬혁이 정도의 재능을 가진 사람은 이 세상에 많을 것이다. 다른 곡들을 편곡하는 것을 보니 찬혁이가 목표를 위해 해야 하는 일을 해낸다는 판단이 들었다.

그제야 나는 찬혁이에게 '네 목소리는 참으로 멋져'와 같은 추상적인 칭찬이 아닌 '어떤 소리를 낼 때가 좋고 어떤 소리를 낼 때는 흔들린다, 화성의 어느 부분이 좋더라'라는 식으로 보다 구체적으로 칭찬을 했다. 그리고 음악을 전공해도 될 것 같다는 확신도 덧붙였다. 아마 찬혁이는 평소와 다른 아빠의 칭찬을 통해 음악가로 인정받는다는 느낌이 들었을 것이다.

나도 20대에 음악을 해볼까 진지하게 고민한 적이 있었다. 작곡도 하고 노래도 했다. 내가 작곡한 곡을 녹음하여 CCM 기획사들을 찾아다니기도 했다. 결정적으로 노래를 하지 않은 이유는 기회가 주어지지 않았다기보다는 자기 확신이 없어서였다. 나는 나의 꿈에 대해서 '이것이다'라는 확신을 가질 수 없었다. 그래서 음악을 전달하는 사람, 음악을 평생 좋아하는 사람으로 머물렀는지도 모른다. 꿈을 직업으로 가지는 것과 좋아하는 것으로 남기는 것의 차이를 나는 누구보다 잘 알았다.

앞일을 미리 걱정하지 마라

마침내 수현이와 찬혁이가 우승을 하자 기획사를 정해야 하는 숙제가 남았다. 나는 찬혁이에게 앞으로 어떻게 할 것인지를 물었다. 사실 나는 속으로 찬혁이가 우승을 해서 기쁜 게 아니라, 찬혁이 의지대로 하여 우승을 해서 놀랐다.

"찬혁아, 네가 원하지 않으면 뮤지션 안 해도 돼. 이건 그냥 우리가 도전해본 것이잖아."

나의 염려에 찬혁이는 확신에 찬 어조로 말했다.

"뮤지션이 되는 것이 지금의 꿈이에요. 나중에는 뭐가 될지 모르지만, 지금은 뮤지션이 되고 싶어요. 죽을 만큼 힘들었지만 그걸 해내고 나니까 좋았어요."

"정말 좋았니?"

"예. 제가 곡을 만드는 것도 좋았고, 그 곡으로 사람들과 소통하는 것도 좋았고, 칭찬받는 것도 좋았어요."

그제야 나는 찬혁이가 뮤지션이 되어도 좋겠다고 생각했다. 그 말을 했을 때 아이는 자기 확신을 갖고 있었기 때문이다. 연예인이 되는 것에 대해 걱정스러운 마음이 있었다. 하지만 무슨 일이든 자기 중심을 갖고 한다면 자신이 진정 원하는 일을 할 수 있지 않을까 하는 마음에서 허락했다. 앞일을 미리 걱정할 필요는 없다. 우선은 아이의 의지를 믿어주는 게 중요하다.

이 세상에 안전한 꿈이 있겠는가? 절대적으로 안전한 삶이 있겠는가? 그때그때 도전하며 최선을 다하는 삶이 좋지 않을까!

찬혁이와 수현이가 행복하게 도전하는 것을 보면서 우리는 서서히 품에서 떠나보낼 준비를 해야 한다는 걸 받아들이게 되었다.

2013년 생일에 찬혁이는 주민등록증을 받음으로써 투표도 하고 군대도 갈 수 있게 되었다. 이젠 정말로 아이를 품에서 떠나보내야 할 시점이 다가온 것이다. 아이들과 함께할 수 있는 시간이 많이 남지 않았다.

part 4

가족이라는

울타리
고치기

금요
이불극장

엄마

공부하는 게 얼마나 힘들까? 우리는 아이들에게 홈스쿨링을 시키면서 늘 이 생각을 했다. 학교에서 공부를 하면 훨씬 재미있을 것이다. 학교에서는 8시간 내내 공부만 하지는 않는다. 심지어 수업 시간에도 선생님과 친구들과 웃고 떠들면서 수업을 한다. 아무리 재미없는 수업이라도 친구들과 함께라면 재미있다. 아이들에게서 이런 재미를 빼앗다니 마음이 아팠다.

'어떻게 하면 아이들을 즐겁게 해줄 수 있을까?'

아이들을 위해 남편과 나는 낚시꾼처럼 재미를 낚을 준비를 했다. 누군가가 테를지 국립공원에 간다고 하면 우리 가족도 같이 가게 해달라고 하고, 누군가가 밤에 얼음이 언 강을 달린다고 하면 우리 가족도 데려가 달라고 했다. 이렇게 해서 밖으로 나돌아다니지 못하는 갈증을 어느 정도 풀었다. 문제는 영화관도 PC방도 텔레비전도 스마트폰도 없는 아이들의 문화생활이었다. 그래서 생각해낸 것이 한 달에 두 번쯤 가족 영화관을 여는 것이었다. 가족이 함께 모여 영화나 드라마, 예능 프로그램을 보는 것 말이다.

한국에 와서도 가족 영화관을 그리워하다

가족 영화관이 열리는 날은 저녁을 먹은 다음 슬슬 준비를 했다. 수현이가 거실에 이불을 펼쳐놓으면 남편은 컴퓨터 모니터를 연결했다. 나는 커다란 스텐 그릇에 갖가지 과자를 담아서 한 사람에 하나씩 안겨주었다. 앞으로 4~5시간 뒤에는 다들 눕거나 기대서 보다가 잠이 들 것이다. 그날 하루는 양치질을 하지 않고 자더라도 괜찮았다.

우리는 드라마나 예능 프로그램을 볼 때 한꺼번에 몇 회분씩 몰아서 봤다. 한 회씩 보면 기다려지지만 몰아서 보면 궁금함이 없어서 좋았다. 어찌나 시끌벅적하게 봤는지 옆집에서 벽을 쿵쿵 치기도 했다. 남편과 찬혁이는 영화를, 나와 수현이는 드라마를 좋아했다. 개그 프로그램이나 애니메이션, 다큐멘터리 등을 이렇게 해서 원 없이 보았다.

겨울에는 추운 날씨 때문에 수면 양말을 신고 이불을 돌돌 말고 있어도 하얗게 입김이 나왔다. 거실 구석에 둔 살짝 언 귤을 까먹다보면 다음 날 손이 빨개져 있었다. 서로의 체온에 의지해서 기대고 누워서 보는 영화관은 시끄럽게 해도 장난을 쳐도 괜찮았다.

한국에 온 다음에도 아이들은 이불 깔린 가족 영화관을 그리워했다. 거대한 스크린, 첨단 음향시설의 영화관도 아이들에게 그다지 감동을 주지 못했다. 이 세상에서 아빠, 엄마와 수다를 떨면서 보는 영화만큼 재미있는 영화는 없었기 때문이다. 그리고 그 따뜻하고 속닥속닥한 분위기도! 몽골에 있을 때는 특별할 것 없는 가족의 일상이었는데, 가족이 떨어져 있다보니 그것이 특별한 추억의 일부로 기억되었다. 최근에 수현이와 찬혁이가 입버릇처럼 가족 영화관 이야기를 해서 거실에서 이불을 깔고 영화를 보려고 했지만 그때의 기분이 되살아나지 않았다.

"그 맛이 안 나요."

아이들은 입을 모아 말했다. 그때 가족 모두가 함께했기 때문에 즐거움도 더했을 것이다.

가족 문화를 함께 나누고 쌓아라

홈스쿨링을 하는 아이들의 스트레스를 풀어주기 위해 나와 남편은 이웃들과 몽골 여행도 가끔 했다. 도시를 떠나 비포장 시골길을 달리는 좁은 차 안에서 노래도 부르고, 그러다 잠시 멈춰 라면도 끓여 먹다 또 달렸다. 그러곤 다시 멈춰서 밥도 해먹고 고기도 구워 먹었다. 비록 몸은 힘들지만 몽골의 대자연 속에서 크게 소리도 질러보고 밤하늘을 수놓은 별들도 바라보았다. 간혹 늑대나 여우에게 당한 들짐승들 주변에 모여 있는 독수리와 까마귀 떼도 보면서 두 눈이 휘둥그레지기도 했다. 그뿐인가. 어디서도 볼 수 없는 낙타와 염소, 양, 말 들을 보며 아이들은 공부하느라 쌓인 스트레스를 말끔히 날려버렸다.

이런 가족들만의 추억이 가족 문화가 아닐까. 가족 문화를 함께 하고 나누고 쌓아간다면 나중에 설령 가족들끼리 다투는 일이 생기더라도 그 소중하고 행복한 추억들로 인해 틈이 생기지 않을 것이다. 가족들 간의 유대도 더욱 끈끈하게 해줄 것이다. 가족 문화가 있어야 진정한 가족이라고 생각한다.

이런 문화를 아이들은 부모에게 배우고, 또 부모에게 배운 것을 그 자식들에게 전달해나간다면 얼마나 좋겠는가. 우리가 함께 사랑하고 살면서 배운 걸, 특히 아빠에게 배운 것을 찬혁이는 자신의 아들에게 전달할 것이다. 또 수현이는 나에게 배운 것을 딸에게 전달할 것이다. 이런 문화를 이어준다는 것은 우리의 생각과 가치관을 물려주는 것이기도 하다.

아이들은 아이들답게

아빠

우리 부부는 아이는 아이답게 자라야 한다는 신념을 가지고 있었다. 공부도 물론 중요하지만, 놀아야 할 나이에는 놀아야 한다고 생각했기 때문이다. 생각해보면 우리도 일곱 살, 여덟 살 때는 뛰어놀면서 자랐다. 중·고등학교 때는 공부를 하는 한편으로 운동장에서 친구들과 밤늦도록 축구나 농구를 하기도 하고, 방학이면 며칠씩 교회 수련회나 기차 여행을 떠나기도 했다.

그런데 아이들의 놀고 싶어 하는 마음을 내일을 대비하기 위해 참으라고 하는 것은 아이들 인생에서 소중한 한 페이지를 빼앗는 것이 아닐까. 어른이 되면 뛰어놀고 싶은 마음조차 들지 않는다.

아이가 자라면서 그때그때 하고 싶은 것이 분명 있다. 그 마음을 막고 싶지 않았다. 아무리 생각해도 나는 그 나이에 겪어야 하는 일들, 해야 하는 일들이 공부보다 우선이라는 생각이 들었다. 그렇기 때문에 아이들에게 공부하라는 잔소리 대신 하고 싶은 것을 하라고 하고, 나도 아내도 아이들과 같이 뛰어놀았다.

어릴 때 마음껏 뛰어놀게 하라

이런 마음이 다른 부모보다 강했던 것은 내가 어릴 적에 온전히 아이다운 마음으로 자라지 못했기 때문인지 모른다. 부모님이 이혼 전에 어머니는 나를 유달리 엄하게 키웠다. 성적이 떨어지면 종아리에 피가 나도록 때렸다. 그러고는 TV 드라마에 나오는 장면처럼 울면서 종아리에 약을 발라주셨다. 어렸지만 그런 어머니를 보면서 '나를 정말 사랑하시는구나'라고 느꼈다. 그래서인지 어머니가 아무리 혼내고 매를 들어도 어머니의 사랑을 믿었다.

아버지의 사랑은 한동안 의심한 적이 있다. 나는 아버지의 말을 거스르는 일 없는 순종적인 아들이었다. 그런데 이것이야말로 미워하는 마음도, 사랑하는 마음도 없는 철저한 무관심이었다.

내 삶에서 아버지를 송두리째 밀어내고 살았다. 한때 아버지는 교회에 나가지 말라며 때리기도 했다. 하지만 내가 갈 데라고는 교회밖에 없었다. 교회에 가서 기타도 배우고, 노래도 배워 찬양을 인도하는 일을 했다.

아버지가 교회로 나를 찾아온 날은 성탄절이었다. 내가 속한 학생부는 성탄 공연을 하기로 되어 있었고, 공연 전에 오프닝 행사로 교회 형이랑 무대에 올라 기타를 치면서 찬양을 했다. 그날 공연을 무사히 마치고 집에 갔더니, 술이 거나하게 취한 아버지가 나보고 오라고 했다. 순간, 오늘 또 혼나겠구나 싶어 쭈뼛거리는데 아버지가 말했다.

"내가 오늘 교회에 갔다 왔다."

그 순간 나는 가슴이 철렁했다.

"네가 조명 아래에서 기타 치고 노래하는 걸 봤는데, 그 표정이 너무도 밝고 환해서 놀랐다. 그 표정을 보는 순간 그냥 왔다. 집에 와서 많이 생각했는데, 교회를 다니고 싶다면 계속 다녀라. 또 목사가 되고 싶다면 내가 뒷바라지는 못 해줘도 말리지는 않으마. 너한테 정말 미안하다."

그 일을 계기로 아버지와 화해를 했지만 아버지를 사랑하기에는 그동안 가슴에 쌓인 앙금이 너무 많았다.

부모가 되어서야 비로소 부모를 이해하다

하지만 찬혁이를 키우면서 그 마음이 달라졌다. 처음에는 아이를 낳고 키우는 데 대한 두려움이 있었다. 그러나 아이가 태어나면서 그 전에는 경험하지 못한 너무나 사랑스러운 마음과 생명에 대한 존중감과 경외감이 샘솟았다. 한동안은 아이가 너무 예뻐서 아이 얼굴을 내 얼굴에 붙이고 다녔다. 그러면서 부모님도 나를 이렇게 예뻐했겠구나 하는 생각이 들자 비로소 아버지를 이해하게 되었다.

무뚝뚝하고 엄하던 부모님도 할아버지, 할머니가 되니까 달라졌다. 지금은 그때의 내가 상상도 못할 일을 하신다. 한때 나는 찬혁이와 수현이에게 할아버지, 할머니를 안아드리면서 "사랑한다"고 말하라고 했다. 그런데 지금은 오히려 부모님이 사랑한다는 표현을 아끼지 않으신다.

더불어 우리가 몽골에 가 있는 동안 아버지가 우리를 위해 하신 일들을 알게 되면서 아버지가 당신만의 방식으로 나를 많이 사랑하신 걸 깨달았다. 부모가 되어서야 비로소 부모를 이해하게 된 것이다. 내가 아버지가 되지 않았다면, 자녀에 대한 사랑을 몰랐다면 결코 이해하지 못했을 수도 있다. 아이들을 사랑할수록 아이러니하게도 불행했던 내 과거도 사랑할 수 있게 되었다.

아이는 풍요로움을 주는 존재다

이렇게 나의 이야기를 장황하게 늘어놓는 이유는 한 가지다. 우리 아이들에게는 나와 같은 트라우마를 남겨주지 말자는 것이다. 우리는 지금도 아이는 풍요로움을 주는 존재라고 생각한다. 따라서 아이답게 자라야 한다고 여기는 것이다. 마음 같아서는 천천히 자랐으면 좋겠는데, 두 아이 모두 사회생활을 시작했으므로 부모로부터 독립이 시작된 셈이다.

나는 아이들이 그 나이에 필요한 것들을 충분히 경험하고 누리면서 자랐으면 싶다. 그리하여 건강한 자아를 가지고 자신뿐만 아니라 가족이나 주변 사람에게도 그 풍요로움을 함께 나누는 삶을 살았으면 한다. 내 과거를 떠올려보면 부모님의 이혼으로 부모를 가장 필요로 하는 사춘기 시절에 부모가 내 곁에 없었다. 그로 인해 청소년 시절도 없이 빨리 어른이 되었다. 그 사실이 나도 모르게 상처가 되었다. 그래서 우리 부부는 다짐했다.

'돈이 있어도 아이들 과외를 시키지 말자. 청소년 시절을 마음껏 즐기게 해주자.'

평범해 보일 뿐 평범한 가정이란 없다. 모두가 특별하고 소중하다. 가정이 얼마나 소중한지는 나처럼 한때 평범한 가정을 갖기를 바란 사람만이 안다. 나는 정말이지 좋은 아빠가 되어 안온한 울타리를 꾸리며 아이들을 행복하게 해주고 싶었다. 세상에서 가장 중요한 것은 뭐니 뭐니 해도 아이들의 울타리가 되는 가정이다. 그 안에서 아이는 아이답게, 어른은 어른답게 성장해나간다.

가치관을 판단의 기준으로 삼다

아빠

사람들은 찬혁이와 수현이가 요즘 아이들 같지 않게 부모의 말에 순종하며 엄격하게 생활하는 것에 놀라워한다. 몽골에서 홈스쿨링을 했다고 하면 그야말로 모든 것을 자유롭게 아이들이 원하는 생활을 하면서 지낸 줄 안다. 우리 부부도 아이들이 그러한 환경에서 자라기를 기대하고 애쓴 건 맞지만, 그렇다고 생활에 규율이 없는 것은 용납하지 않았다.

우리에게 중요한 건 가치관이었다. 찬혁이가 사춘기가 되면서부터 해야 하는 것과 해서는 안 되는 것, 혹은 허락하는 것과 허락하지 않는 것을 두고 토론이 벌어지기도 했다. 가치관에 맞는 생활을 위해서 어떻게 살아야 하는가는 아이들이 결정한 문제다. 우리는 그 가치관이란 울타리를 잡아주는 역할을 했다. 이 부분에 있어서 우리의 생각이 분명하게 일치했다.

사소한 것들, 예를 들어 이번 주말에 친구 집에 갈지 말지, 용돈이 얼마나 필요한지 등을 1주일 전에만 알려주면 대부분 들어주려고 노력했다. 우리가 강조한 것은 스스로의 삶을 계획하며 살라는 것이지 그 하나하나의 계획에 관여하는 것은 아니었기 때문이다.

아이들이 무엇인가를 선택하고 결정해야 할 때는 우리 가족이 가진 가치관을 기준으로 삼았다. 부모 입장에서는 가치관에 따라 아이들의 행동이나 생각의 범위가 정해져서 오히려 편했다. 그때그때 기분에 따라서 '이건 해, 이건 하지 마'라고 결정을 해주지 않아도 되어서다. 우리는 부모이기 이전에 약점 많고 나약한 인간이다. 만약 그때그때 기분에 따라서 판단이 달라진다면 모든 것은 뒤죽박죽이 될 것이다.

성경법 아래 가족법

우리 집은 아이들이 태어나기 전부터 크리스천 가정이다. 아이들이 아주 어릴 때부터 특별한 날에는 새벽기도를 함께 가고, 아침마다 가족예배를 드렸다. 가족예배 시간에는 성경 말씀을 읽고, 읽은 말씀에 따라 떠오른 생각이나 느낀 점을 나누는 묵상을 해왔다. 그 과정에서 우리 가족의 가치관이 아이들한테도 자연스럽게 받아들여진 것 같다. 하루를 마감할 때는 일기를 쓰고 기도로 마감했다. 그 행동을 해야 할까, 하지 않아야 할까를 판단할 때 아이들은 엄마, 아빠의 기준이 아니라 보다 넓은 기준을 적용했다. 신앙이다.

신앙은 우리 가족의 생활에 있어 헌법이었으며, 그 아래에 우리가 만든 가족법, 즉 규칙이 존재했다. 친구 초대는 두 달에 한 번, 잠은 예외적인 상황을 제외하고는 집에서 함께 자기, 외출하기 1주일 전에 허락받기 등이 규칙의 내용이다. 새로운 일이 생기면 이 규칙을 염두에 두고 아이들이 1차로 판단을 했다.

"아빠, 친구가 생일 파티 때 PC방에 갈 거라고 해요. 저는 안 되겠죠?"

"영화를 보러 가기로 했어요. 그런데 그 영화가 15세 관람가예요. 뱀파이어 영화라고 하는데, 수현이 때문에 아무래도 함께 보지는 못하겠죠?"

아이들은 스스로 판단을 해서 최종적으로 부모에게 허락을 구했다.

"생일 파티를 끝내고 PC방에 가서 논다는 것은 허락할 수가 없구나. 다른 놀이는 없는지 한번 생각해보면 어떻겠니?"

"뱀파이어 영화라고 해서 못 보는 건 아닌데, 너무 잔인하면 수현이에게 안 좋을 수 있겠지. 수현아, 네 생각은 어떠니?"

아이들이 스스로 판단을 해서 의견을 구하면 우리는 아이들의 판단이 옳은지 아닌지에 대해서 우리의 생각을 말했다. '이것은 해, 저것은 하지 마'라는 직접적인 행동의 통제는 아니었기 때문에 아이들도 잘 따랐다.

만약 사춘기 때부터 규칙을 적용하려 했다면 아이들은 말을 잘 듣지 않았을 것이다. 그러나 아주 어릴 때부터 해왔기 때문에 습관이 되어 규칙대로 하는 걸 당연하게 생각했다. 한 번도 규칙을 없애자는 말은 하지 않았다. 유일한 요구는 친구와 놀다보면 새로운 계획이 생기기 때문에 1주일 전에 허락을 받을 수 없으므로 그때그때 허락을 해주면 안 되겠느냐는 것이었다. 물론 나는 그마저도 허락하지 않았다. 대신 좀 더 융통성 있게 적용했다.

'다른 아이들은 다 하는데 우리만 못 하게 한다.'

찬혁이와 수현이는 이렇게 떼를 쓰는 경우는 없었다. 그렇게 해봐야 부모에게 통하지 않을 뿐만 아니라, 우리 가족에게는 이미 함께 지키기로 약속한 규칙이 있음을 아이들도 잘 알고 있었기 때문이다.

아이들의 행동 하나하나를 통제한다는 것은 옳지도 않고, 가능한 일도 아니다. 아이들이 크면 자기 마음대로 하려고 하지 부모의 말을 듣지 않는다. 그때 가족을 지키는 문화나 규율이 있다면 아이들과 덜 싸우게 될 것이다.

재미있는 사실은 '우리 집에는 다른 집과 달리 안 되는 것이 너무 많다'고 생각하던 찬혁이가 사춘기를 지나면서 '엄마, 아빠가 시키는 걸 지키기 잘했어'라고 생각한다는 점이다. 좋은 행동을 계속하다보면 어느새 좋은 습관이 되기 마련이다.

규칙은 적용 범위의 넓고 좁음에 상관없이, 개인의 삶과 가정과 사회 공동체에 질서와 평화, 공존과 조화를 부여하기 위해 반드시 필요하다. 사람의 몸으로 보면 척추와 같다. 척추가 중심을 곧게 세워 건강한 몸의 균형을 잡아주는 것처럼, 규칙은 개인과 사회가 건강하고 균형 있게 살도록 돕는 중요한 역할을 한다. 쓴 약이 몸에 좋다지 않은가!

몽골 사람들의 끈끈한 가족애를 보고 배우다

엄마

유목민의 삶은 지금 우리의 삶과는 다르다. 전 세계에서 대표적인 유목민족인 몽골은 가족애가 끈끈하다. 가족의 범위도 일가로 확대된다. 몽골 사람들은 친척도 가족이라고 생각한다. 시골에 사는 친척 아이가 울란바토르의 학교로 진학한다면, 울란바토르에 살고 있는 친척이 아무런 대가 없이 그 아이를 돌봐준다. 방이 하나밖에 없어 설령 한 이불을 덮고 자더라도 기꺼이 거두어준다. 몽골의 젊은 사람들은 이런 전통적인 끈끈한 가족애를 부담스러워하지만 어른 세대는 아직도 지키고 있다. 또한 부모가 일을 나가면 언니나 오빠가 동생을 보살핀다. 언니나 오빠라고 해봐야 겨우 대여섯 살밖에 되지 않는데도 말이다.

어릴 때부터 스스로 알아서 하게 하라

몽골의 풍습은 우리 어릴 적과 많이 닮아 있다. 우리나라도 예전에는 대가족이 한집에 살고, 시골에서 친척이 올라와도 객식구 취급하지 않고 잘 거두었다. 아이들도 우리 어릴 때처럼 스스로 알아서 하게 한다. 한두 살 때부터 혼자 말을 타게 한다. 아이는 말에서 떨어지지 않으려고 혼자 요령을 터득한다. 그래서 만 세 살 정도 되면 말을 썩 잘 탄다. 몽골에 가기 전부터 이런 말로만 듣던 '가족애', 가족애가 확대된 소박한 인간애를 내심 기대하고 있었다.

그러나 우리 가족이 살았던 울란바토르는 '가난함'이 묻어나는 곳이었다. 물질적으로는 시골 마을과 비교할 수 없을 만큼 잘살지만 정신적 가난함은 궁핍 그 자체였다. 자본주의를 받아들이면서 빈부차가 극심해졌다. 몽골에서도 극소수의 부잣집 아이들은 어려서부터 부족한 것 하나 없이 자란다. 반면에 대다수의 가난한 집 아이들은 아침에 부모가 일을 나가면 어린 동생을 보살핀다. 길을 걷다보면 다섯 살가량의 여자아이가 세 살짜리 동생 손을 잡고 차 근처에 못 가게 하거나 업고 다니는 걸 심심찮게 볼 수 있다. 심지어는 길거리에서 동냥을 하면서도 동생이 옆에 잘 있나 확인을 한다.

우물에 물을 길러 오는 아이들을 보면 형은 크고 무거운 물통을, 동생은 작고 가벼운 물통을 들고 온다. 큰 아이들은 동생을 보살펴야 한다는 책임감이 강하다. 나는 그런 모습들이 좋아서 눈에 띄면 아이들에게도 보라고 쿡쿡 옆구리를 찌른다. 그런 모습을 보는 것만으로도 많은 생각이 들 것이라 믿었기 때문이다. 몽골의 풍족하지 않은 환경이 아이들을 그렇듯 책임감 강하고 정이 많은 아이로 자라게 하지 않았나 싶다.

나도 어릴 때 어머니, 아버지가 일을 나가면 두 동생이랑 항상 같이 다녔다. 뭉치지 않으면 안 된다고 생각한 것인지 어디를 가든 손을 꼭 잡고 다녔다.

"엄마도 어릴 때 그랬다. 이모들이랑 항상 저렇게 함께 다녔어."

몽골에서 가족애가 더욱 깊어지다

우리 가족은 몽골에서 5년가량 살았다. 몽골에서 살아서 좋은 점을 들라면 그들처럼 똘똘 뭉치게 되었다는 점이다. 찬혁이는 어디를 가든 수현이를 먼저 챙겼다. 물론 찬혁이의 수현이 챙기기는 한국에서도 유명했지만, 몽골에 가서는 우리 눈에 '여동생 바보'라는 소리를 들을 정도로 잘 챙겼다. 버스를 타러 갈 때도, 교회에 갈 때도 늘 수현이를 챙겼다.

물론 우리 가족이 끈끈하게 뭉치게 된 계기는 몽골인과 다르다. 우리가 살면서 느낀 몽골은 항상 좋지만은 않았다. 조심해야 하고 경계해야 할 일도 있었다. 길에서 두 사람 간에 싸움이 나면 어느 한 사람이 맞아 죽을 때까지 싸우는데 아무도 무서워서 말리지 못한다. 그때마다 우리는 서로 손을 꼭 잡았다.

또 몽골은 사회주의에서 자본주의로 돌아선 지 얼마 되지 않은 나라라 그런지 사회주의에 대한 향수가 강했다. 특히 가난한 사람일수록 걱정 없이 분배되던 시절을 그리워했다. 외국 자본과 문화의 유입으로 몽골의 기득권자와 중산층은 살기 좋아졌지만, 서민들은 상대적인 박탈감이 심하다. 따라서 외국인을 달가워하지 않는 경향이 있다.

몽골이 이런 위험한 곳이 아니었다면 우리는 그토록 서로에게 책임감을 느끼지는 않았을 것이다. 단맛을 강하게 느끼게 하는 건 짠맛이듯이, 가난은 인간을 풍족하게 만들어주고, 위험은 이렇게 서로를 챙기게 해준다.

몽골 땅에서의 5년은 가족애를 더욱 깊게 느끼게 하는 시간이었다. 단 한순간도 서로 떨어진 적이 없을 정도였으니! 우리 가족이 몽골을 특별하게 생각하는 것은 바로 이런 이유에서다. 아마도 프랑스나 영국같이 치안이 좋은 곳에서 여유롭게 살았다면 가족 간에 이런 끈끈한 정을 경험하지 못했을 것이다.

아이들과 함께해야
아이들도 부모와 함께한다

엄마

아이들이 가족 안에서 성장하는 시기는 언제까지일까?

대부분의 아이들은 중학생 정도 되면 친구가 좋아서 틈만 나면 친구하고만 어울리려고 한다. 나와 남편도 처음에 그런 찬혁이를 보고 서운한 마음이 들지 않았다고 하면 거짓말이다. 부모보다 친구와 더 많은 시간을 보내려고 하는 것을 인정하기가 쉽지 않았다. 하지만 아이들이 자라면서 어쩔 수 없다는 걸 인정하고 친구들과 건전한 관계를 가질 수 있도록 도와주려고 애를 썼다. 친구들과 PC방을 가기보다는 축구 같은 운동을 하면서 놀도록 하고, 가끔은 친구들을 집으로 불러서 함께 먹고 자게 하면서 말이다.

아이들에게서 친구들을 떼어놓느니 우리가 아이들의 친구가 되어 함께 놀았다. 그 덕분인지 아이들은 우리를 친구 엄마, 아빠로 보기보다 마음이 잘 통하는 교회 선생님 정도로 생각하는 것 같았다.

하지만 아무리 붙잡아두려고 해도 아이들은 언젠가는 부모 곁을 떠난다. 한국의 부모들 중에는 자녀들을 좋은 학교와 학원에 보내려고 일을 하는 분이 많은 것 같다. 하지만 아이들이 진정으로 원하는 게 그것일까? 아이에게, 혹은 부모에게 남는 건 결국은 함께 보낸 시간이다. 이 학원 저 학원 다니느라 부모와 함께 보낸 시간이 많지 않은 아이는 나중에 사회생활을 하고 결혼해서 아이를 낳아 키워도 자녀에게 들려줄 할아버지, 할머니 이야기가 없을 것이다.

우리는 한국에 있을 때부터 아이들과 많은 시간을 보내려고 노력했다. 이런 함께 시간 보내기는 몽골에서도 이어졌다. 찬혁이와 수현이에게 PC방이나 카페 금지령을 내렸지만, 잘 따라준 것은 그런 곳보다 넓은 곳에서 가족과 함께하는 게 좋다는 경험 때문이 아니었을까? 찬혁이는 한두 번은 친구들 따라 PC방에 가고 싶다고 했지만 더 이상은 가고 싶다는 말을 하지 않았다. 꼭 가고 싶었다면 계속 졸랐을 텐데 말이다.

몽골은 6개월의 겨울이 끝나고 짧은 봄과 여름이 오면 세상은 그야말로 눈부신 초록 천지다. 아름다운 계절이다. 이때가 되면 울란바토르 시내에서 2시간 남짓 걸리는 테를지 국립공원에 자주 갔다. 공원이 워낙 넓어서 몇 번을 가도 늘 새로웠다. 우리를 안내해준 분들은 몽골 지리에 밝아 숨어 있는 길들이나 비경으로 데려가주었다. 끝도 없이 이어지는 초지를 달리다 낮은 구릉을 넘고 작은 폭포도 건넜다.

몽골인들은 세계를 정복했지만 늘 자신들이 사는 곳이 가장 아름답다고 생각했다고 한다. 아마도 여름의 몽골을 본다면 그런 생각이 절로 들 것이다. 이런 몽골의 대자연 속에 있다보면 마치 세상을 내 품안에 품은 것만 같다.

새로운 경험을 늘 환영하다

가끔은 다른 가족과 함께 야외에 나가서 삼겹살 파티도 했다. 그럴 때면 하늘 높이 떠서 먹잇감을 노리던 독수리나 매들이 프라이팬으로 수직으로 내려와서 삼겹살을 낚아채가곤 했다.

"새들은 부리에 화상 안 입나? 새들 걸 따로 준비해야 하나?"

우리는 제법 진지하게 그런 걱정도 했다.

새들뿐만이 아니다. 삼겹살 냄새를 맡고 멀리 떨어진 게르에 사는 개들도 찾아왔다. 개의 모습을 보고 야생 개가 아닐까 의심했을 정도로 덩치도 크고 털도 거칠었다. 처음에는 그런 개들이 무서웠지만 몇 번 경험하다보니 익숙해졌다. 한번은 피크닉을 갔을 때 커다란 개 두 마리가 따라와서 깜짝 놀랐다. 덩치가 큰 개들은 우리가 돗자리를 편 곳에서 멀찍이 떨어져 앉아 있다가 새들이 고기를 덮치면 재빨리 달려와 쫓아주었다. 털 없는 눈매가 매서운 개였지만 우리를 지켜준다고 생각하니 시골 동네의 누렁이처럼 정이 갔다. 우리가 남겨두고 온 고기는 다 그 개들의 차지가 되었다.

한겨울에 집 안에 틀어박혀 있으면 아이들이 '삼촌'이라고 부르던 선교사가 와서 우리를 데리고 나갔다. 몽골의 밤하늘은 유난히 아름답다. 주먹만 한 별이 바로 눈앞에 있는 듯한 착각이 들 정도로 별이 잘 보인다. 하늘은 지구가 둥글다는 것을 증명이라도 하듯 동그랗게 보인다.

여름의 즐거움이 피크닉이라면 겨울의 즐거움은 얼어붙은 강을 차로 건너는 것이다. 이 놀이는 그야말로 스릴 만점이다. 아주 위험하지는 않지만 운전자는 정신을 바짝 차리고 얼음이 바퀴에 닿는 소리를 잘 들어야 한다. 강을 건너기 위해서는 몇 번은 차를 돌려 나온다. 이왕이면 좀 더 단단하게 얼음이 언 곳으로 건너기 위해서다. 수현이가 특히 이 놀이를 좋아했는데, 목이 터져라 소리를 지를 수 있었기 때문이다. 또한 말타기도 몽골에서는 빼놓을 수 없는 놀이였다.

우리는 아이들에게 새로운 경험을 하게 하는 것은 늘 환영했다. 보통 외국에 나가면 몇 달 동안은 호기심에 여기저기 돌아다니다가 곧 시들해져 집 안에 틀어박혀 지낸다고 한다. 그러나 우리 가족의 호기심은 지칠 줄 몰랐다. 그리고 그 모든 것을 함께하고자 했다. 아이들과 함께한 시간이 많아야 나중에 아이들도 우리와 함께하거나 자신의 아이들과 함께하지 않겠는가.

가족을 찾아 떠나는 여행

엄마

먹고사느라 바쁜 사람들이 쉬이 할 수 없는 게 있다. 바로 여행이다. 우리는 여행을 다닌 기억이 별로 없다. 아니, 계획을 세워서 간 여행은 몽골에 가기 전까지는 없다. 여행이라고 해도 부부가 해야 하는 일들에 슬쩍 끼워넣었을 뿐이다. 시아버님이 계시는 대전, 시어머님이 계시는 연천에 일부러 기차를 타고 가는 것이 우리의 여행이었다. 가족이 함께 가니까, 더구나 가족을 보고 오니까 특별한 가족여행이라고 할 수 있었다. 우리 가족에게 목적지가 어딘지는 그다지 중요하지 않았다. 여정 그 자체가 여행이었으니까.

처음으로 수현이에게 바다를 보여준 건 대여섯 살 무렵이었다. 큰 고모님과 막내 고모님이 부산에 사셨는데, 막내 고모님 댁이 바다에서 가까웠다. 덕분에 우리도 아이들도 부산 시고모님 댁에 갈 때면 바다 구경을 실컷 하고 왔다.

우리 집은 아이들의 할아버지, 할머니를 각각 찾아뵈러 가야 한다. 그런데다 고모님들까지 챙긴다면 '조금 부담스럽네'라고 생각할 수 있다.

나는 남편이 이렇게 가족을 챙기는 게 이해가 되지 않았다. 남편 집안은 할아버님도 외아들, 아버님도 외아들이다. 물론 남편은 외동이 아니다. 이렇게 자손이 귀하다보니 형제간의 우애가 돈독했고, 또한 그것을 매우 중요하게 여겼다. 반면 우리 집은 자손이 많아서 한두 명쯤 빠져도 티가 나지 않는다. 형제가 없고 자매만 있지만 남자가 있어야 한다는 생각도 하지 않는다.

시댁에서 가족들의 생일을 반드시 챙기는 것도 처음에는 이해가 가지 않았다. 우리 집은 생일을 그다지 중요하게 여기지 않다보니 그냥 넘어간 적도 있었다. 그런데 시댁은 지금도 조카들 생일까지 챙기며 전화로 축하인사도 건넨다. 찬혁이, 수현이도 삼촌과 숙모의 생일을 챙겨야 한다. 덕분에 처음에 생일을 제대로 못 챙긴 나는 못 배운(?) 며느리가 되고 말았다. 왜 일가친척들의 생일을 챙겨야 하는지, 왜 가족을 챙겨야 하는지는 몇 년 뒤에야 조금씩 받아들이게 되었다.

'챙기면 가족이 되지만 챙기지 않으면 이웃보다 멀어지는구나.'

가족들에게로 가는 여행을 하면서 이런 생각을 하게 되었다.

"찾아와줘서 고맙다."

어른들은 진심으로 고마워했다. 아이들을 안고 빈손으로 찾아뵈었는데도 말이다. 찾아뵈러 갈 때는 불편하지 않을까 걱정이 되기도 했지만, 막상 찾아뵙고 나면 '잘 왔다'는 생각이 들었다. 무엇보다 아이들이 사랑받을 기회가 생겼다. 시부모님은 자식에게 못다 표현한 정을 손자들에게 아낌없이 표현했다. 아이들이 사랑받는 걸 보면 우리가 사랑받는다는 느낌이 들었다.

어른을 생각하는 마음을 배우다

그 짧은 여행을 통해서 아이들은 남편과 나만 보고 자랐다면 배우지 못했을 것들을 배웠다. 어른들에게 어떻게 해야 하는지를 배운 것이다. 할아버지, 할머니의 전화를 받기 부담스럽거나 싫을 때도 있을 것이다. 그분들이 늘 아이들을 기쁘게 하는 말씀을 하시는 건 아니니까. 그런데도 아이들은 언제나 기쁘게 전화를 받고, 안부를 묻고, 꼭 사랑한다는 말을 하고 끊는다. 그리고 할아버지의 말씀이라면 무조건 "예"라고 대답한다.

무엇보다 아이들이 어른을 먼저 생각하는 마음을 갖게 된 것이 감사하다. 이것은 가르친다고 해서 배울 수 있는 게 아니다. 마음에서 우러나오는 것으로, 얼마나 마음이 깊은지에 따라서 드러나는 모습이 다르다.

〈K팝 스타 2〉가 끝난 후 시어머님이 집에 오시면서 구슬을 한 보따리 갖고 오셨다. 한눈에 보기에도 알록달록 촌스러운 구슬이었다.

"할머니, 예뻐요."

수현이와 찬혁이의 이 한마디 때문에 어머님은 그 구슬로 목걸이며 팔찌를 열심히 만드셨다. 나는 속으로 생각했다.

'다 큰 아이들인데 알록달록한 구슬 목걸이며 팔찌를 어떻게 하고 다니라고 저렇게 많이 만드시지? 두세 개만 만들고 그만 하시면 좋겠는데……'

어머님이 너무 열심히 만드시니까 걱정이 앞섰던 것이다. 급기야 나는 이렇게 말을 하고 말았다.

"얘들아, 할머니께 말씀드리자. 하지도 않을 걸 저렇게 만드시는데 어떡하니. 그냥 마음만 받는다고 하자."

"안 돼요, 엄마. 할머니가 우리한테 선물로 주시려는 건데 어떻게 그래요. 그냥 할머니가 하고 싶어 하시는 대로 하게 하세요."

"맞아요, 엄마. 할머니의 기쁨인데 어떻게 말씀을 드려요. 우리가 안 하고 다녀도 할머니가 주신 건데요."

아이들은 입을 모아 말했다. 나는 아이들의 말에 마음을 받는다는 것에 대해서 한참을 생각했다. 내가 마음만 받는다고 한 건 어머님에게 그만 만들라는 거절의 뜻을 전달하려던 것이지 결코 마음을 받으려던 게 아니었다. 아이들이 나보다 생각이 더 깊었다. 아이들의 말대로 시어머님은 손자들에게 구슬 목걸이를 만들어줄 생각에 얼마나 기쁘셨겠는가!

할머니, 할아버지와 함께하며 저절로 익히다

지금도 시아버님은 아이들이 〈K팝 스타 2〉 경연 도중에 대전에 갔다 온 이야기를 하고 또 하신다. 나와 남편은 몽골에 있을 때였다.

"다녀올 수 있으면 다녀오고."

"할아버지 생신인데 어떻게 안 갈 수 있어요. 다녀와야지요."

찬혁이는 애어른 같은 말을 하더니 수현이를 데리고 대전 할아버지 댁에 가서 하룻밤 자고 왔다. 시아버님은 사람이 그리워서인지 말할 상대가 있으면 이야기보따리를 풀어놓으신다. 예전에 아이들과 내가 가면 밤 12시까지, 그것도 모자라 새벽에도 "자니?" 하면서 깨우곤 하셨다.

"제가 짐을 들어드릴게요."

"제가 부축해드릴게요."

찬혁이와 수현이는 전철을 타거나 버스를 탈 때면 할아버지, 할머니에게 스스럼없이 말을 건넨다.

그 모습을 보면 가슴 아래가 저릿하다. 아이들이 앞으로 사람의 도리를 하면서 살아갈 것이란 예감이 들어서다. 그런데 이런 교육은 내가 시킨 것이 아니다. 할아버지, 할머니와 가까이 지내다보니 저절로 몸에 익히게 된 것이다. 가족여행의 씨앗은 10년 후에 이렇게 늠름한 청년의 모습으로 자라났다. 가족 간에 정을 쌓으려면 무엇보다 자주 만나야 한다.

각자 몫의 짐을 기꺼이 나눠 지게 하라

엄마

가족이 함께 살아간다는 것은 많은 의미를 포함한다. 각자 자신의 몫의 짐을 지는 것도 이 범주에 포함된다. 나는 이 이야기를 할 때면 우리 가족이 몽골의 재래시장에 장을 보러 갔던 풍경이 떠오른다.

앞에서도 이야기했지만 몽골은 외국인에게 다소 위험한 곳이다 보니 외국인은 안전 차원에서라도 대부분 차를 가지고 다녔는데, 우리는 차가 없었다. 그래서 시장에 갈 때는 한 시간 정도 걸어갔다가 돌아올 때는 버스를 타거나 걸어서 왔다.

우리는 시장에서 쌀, 기름, 설탕, 채소, 학용품 등을 사서 각자의 배낭에 넣었다. 배낭에 무엇을 넣을지는 각자 알아서 정했는데, 서로 미루려고 하기보다 좀 더 많이 넣으려고 했다. 내가 덜 지면 다른 사람이 더 많이 져야 했기 때문이다. 남편과 나는 찬혁이의 키가 크지 않을까봐 걱정되어 조금만 넣으라고 했지만, 찬혁이는 엄마보다 키가 크니까 엄마보다 많이 들어야 한다고 주장했다.

부모와 자녀가 함께 만들어가는 가족이라는 공동체는 이런 게 아닐까? 서로 자신의 몫의 짐을 많이 지려고 나서는 것 말이다.

집안일은 어릴 때부터 가르쳐라

나는 일찍부터 아이들에게 집안일 하는 법을 가르쳤다. 서너 살 때에는 그릇이나 행주 등을 싱크대에 가져다놓도록 했고, 초등학교 1학년 때에는 싱크대에 발판을 마련해놓고 그 위에 올라가서 설거지를 하도록 했다. 음식을 할 때는 옆에서 돕게 했다.

아이들이 초등학교에 갈 즈음에 집안일을 가르친 이유는 그 무렵 집안일에 호기심을 보였기 때문이다. 내가 음식을 준비할 때면 수현이는 내 뒤를 졸졸 따라다니면서 말끄러미 지켜보곤 했다. 자신도 엄마가 하는 일을 하고 싶다는 뜻이었다. 감자 같은 단단해서 썰기 힘든 것은 내가 했지만, 두부를 썬다거나 달걀 거품을 내는 것 등은 수현이에게 시켰다. 이렇게 요리에 눈을 뜬 수현이는 친구들이랑 소꿉놀이를 할 때도 으스대면서 했다. 아이들이 무슨 일이든 호기심을 갖는 시기가 있다. 나는 가급적 그 시기를 놓치지 않으려고 했다.

그리고 무엇이든 함께하는 우리 집 분위기 때문에 아이들이 집안일을 더욱 도왔는지도 모른다. 수현이가 나를 도와 식사 준비를 하면, 찬혁이는 식탁에 수저를 놓았다. 처음에 역할을 분담해주면 나중에는 자연스레 알아서 각자 할 일을 찾아서 했다. 만약 아이에게 집안일을 하는 버릇을 들이려면 어릴 때 들이는 편이 좋다. 그때는 일이 아니라 재미있는 놀이라고 여기기 때문이다.

가족은 같이 일하고 같이 놀고 같이 쉬는 사람이다

가족은 같이 일하고 같이 놀고 같이 쉬는 사람이다. 엄마만 밥을 하고 설거지를 하란 법은 없다. 그보다는 가족 사이를 조율하고, 서로 어떤 일을 할지 역할 분담을 해주는 것이 진짜 엄마의 역할이 아닐까.

"엄마는 가사 도우미가 아니야. 엄마가 너희를 위해서 수고를 해줄 수는 있어. 하지만 엄마도 일이 있는 사람이고, 엄마이기 때문에 무조건 밥하고 빨래하고 청소해야 하는 건 아니야."

한국에 있을 때나 몽골에 있을 때나 내가 음식을 하면 설거지는 찬혁이와 수현이 차지가 되었다. 남편이 있을 때는 당연히 남편도 거들었다. 사실 나는 직장생활을 거의 하지 않았다. '전업주부는 곧 집안일을 하는 사람'이라고 많이들 생각하지만 나는 그런 일반론을 받아들이고 싶지 않았다. 내가 잘나서가 아니라, 엄마의 역할을 그것으로 한정시키고 싶지 않아서다. 엄마는 말 그대로 엄마다. 아이들을 태어나게 하고 보살피는 존재다.

"너희가 하기 싫은 일은 엄마도 하기 싫어. 엄마가 해야 할 일은 하겠지만, 너희가 충분히 할 수 있는데도 엄마에게 미루어서는 안 돼."

물론 이 말은 남편에게도 해당한다. 남편도 집에 있을 때는 틈나는 대로 방도 닦고, 설거지도 하는 등 무엇이든 도와주려고 한다. 아빠의 이런 태도가 아이들에게 많은 영향을 미쳤을 것이다.

우리 집만의 청소 원칙이 있다면 자기만의 공간은 자신이 청소를 하고 거실이나 욕실, 주방 등 공동 공간은 분담해서 청소한다. 혼자서 하면 몇 시간이 걸리지만 같이 하면 30분도 안 되어 끝난다. 청소나 방 정리 같은 것은 외출하기 전에 해야 하는 일이다. 하고 싶은 일을 하기 위해서 해야 하는 일에는 청소도 포함된다. 엄마가 가사도우미가 되면 가족이 불행해진다. 엄마가 불행하다고 느끼는데 집안이 평화로울 수 있을까? 가족들이 집안일을 도와준다는 말도 틀렸다고 생각한다. 가족 구성원으로서 자기 몫의 일을 하는 것이다.

가정은 가족 구성원의 노력으로 만들어간다

엄마는 아이를 키우다보면 잔소리 대장이 되기 일쑤다. 잔소리는 듣는 사람도 싫지만 하는 사람 역시 싫기는 마찬가지다. 나는 가급적 모든 일을 잔소리를 하지 않고 즐겁게 하려고 노력한다. 특히 하루가 시작되는 아침에는!

뭔가를 반드시 해야 할 때는 그만큼 강한 반작용이 일어나기 마련이다. 아침에 일찍 나가야 할 때 깨우면 일어나기가 더 싫은지 뭉그적거린다. 찬혁이는 억지로라도 일어나는 편이지만 곰 같은 수현이는 이불 속으로 더 들어간다. 그러고는 씩 웃으면서 "아이, 조금만 더요"라고 애교를 부린다. 이때 "안 돼, 수현아!"라고 하면서 잔소리를 늘어놓기는 싫다. 대신 수현이의 약점을 공략한다. 침대로 올라가서 껴안고 뽀뽀를 하고 머리를 쓰다듬고 발을 만진다. 그러면 10분쯤 뒤 일어난다. 수현이가 일어나서 부스럭거리면 눈치 빠른 찬혁이도 따라서 일어난다. 언제부터 이 작전을 쓰게 되었는지는 모르지만 덕분에 아침부터 싫은 소리를 하지 않게 되었고 수현이와도 좀 더 가까워진 느낌이 들었다.

가정은 가족 구성원 모두의 노력으로 만들어가는 것이지 누군가의 희생으로 만들어지는 것은 아닐 터이다. 각자 자신의 몫을 찾아서 함으로써 같이 책임을 져야 한다. 마치 우리 가족이 시장에서 물건을 나누어 지고 오듯이 말이다. 책임이란 자신이 지고 싶어서 지고, 벗고 싶어서 벗을 수 있는 게 아니다. 가족이라는 울타리를 만들고 유지하기 위해서는 특별한 책임감이 필요하다.

어릴 때부터 화해하는 습관을 길러라

엄마

아이들 입장에서는 사춘기가 3년이지만 부모 입장에서는 두 아이의 사춘기를 합하면 6년이다. 찬혁이의 사춘기가 지나자 수현이의 사춘기가 왔다. 두 아이가 번갈아 사춘기가 되니 예전 같으면 싸우지 않았을 일도 어린애들처럼 티격태격한다.

"나는 예쁜 사춘기를 보낼 거예요."

찬혁이가 한창 사춘기로 홍역을 치를 때 수현이는 이렇게 선언했다. 수현이는 자신의 말을 지키고 있다. 조금씩 짜증이 느는 것으로 봐서 사춘기라는 사실이 감지되지만 티가 많이 나지는 않는다.

수현이의 사춘기 초기 증상은 놀고 싶어 하는 것이었다. 오빠처럼 친구 좋아하고, 인터넷에 사진과 글을 올리는 걸 좋아했다. 또 다른 증상은 이유 없이 오빠에게 신경질이 많아진 것이다. 수현이는 예전에는 오빠를 잘 챙겼다. 오빠를 이해해주고 오빠 편에 서려고 했는데, 지금은 경쟁심 때문인지, 자기중심적으로 변하는 사춘기 증상 때문인지 그런 모습이 조금 사라졌다. 게다가 오빠가 애교를 받아주지 않을 때가 있는데, 수현이는 그게 못마땅한 것 같다.

예전에는 찬혁이가 수현이를 업고 다녔다. 항상 "내 동생, 내 동생" 하면서 챙겼다. 길을 갈 때도 "물 있어, 가면 안 돼! 차 있어, 가면 안 돼!"라면서 동생을 보호했다. 오빠가 이렇게 지극정성으로 살피다가 조금 소홀하니까 상처를 받은 모양이다.

자신의 행동이나 말을 돌아보게 하라

그래서인지 자랄 때는 한 번도 티격태격하지 않던 아이들이 요즘은 자주 신경전을 벌인다. 가끔은 밖에 나가서도 그럴 때가 있어 주의를 준다.

"수현아, 아무리 화가 나도 오빠를 째려보면 안 돼. 조심해."

당연히 찬혁이한테도 같은 요구를 한다.

"수현이가 아무리 화나게 해도 주먹을 꽉 쥐는 행동을 하거나 째려보면 안 돼."

그러고는 사춘기 때의 기억을 환기시킨다.

"찬혁아, 수현이는 지금 사춘기잖아. 그걸 네가 이해해줘야지. 수현이가 너한테 기분 나쁘게 말하는 건 동생도 자기 마음 같지 않아서 그래. 네 사춘기 때 엄마랑 수현이가 이해해준 것처럼 너도 수현이 말을 곧이곧대로 듣지 말고 그럴 수도 있구나 하고 너그럽게 이해해줘."

둘 사이를 조율해야 하는 일이 많아지면서 사실은 웃을 일도 많아졌다. 다 큰 아이들이 어린애처럼 티격태격하는 게 부모가 보기에는 웃긴다. 더 웃긴 건 자신들은 웃기다는 걸 모른 채 심각하다는 사실이다.

수현이가 다이어트를 할 거라며 입버릇처럼 말하고 다니자, 찬혁이가 그게 듣기 싫었는지 한마디 했다.

"만날 다이어트를 말로만 해!"

그러자 수현이가 되받아쳤다.

"자기가 다이어트하는 것도 아니면서. 내가 다이어트하겠다는데 왜 그래?"

그럴 때는 둘을 같이 앉혀놓고 이야기를 한다. 큰 애들이지만 내 눈에는 아직 아기 같은 점이 있어서일까. 〈우리 아이가 달라졌어요〉 같은 프로그램에서 하는 것처럼 서로 자신의 말이나 행동을 돌아보게 한다.

악수로 화해!

"찬혁아, 듣는 사람이 기분이 나쁘다고 하면 기분이 나쁜 거야. 너도 수현이가 네가 들어서 기분 나쁜 말은 안 했으면 좋겠지? 수현이도 마찬가지야."

"네가 다이어트에 대해 충고하는 것에 수현이가 기분이 나쁘다면 충고를 안 하는 게 맞아. 사람이라는 게 못된 성격이 있어서 옆에서 자꾸 약을 올리면 반대로 행동하게 돼. 먹을 것도 더 먹고 싶어지고 말이야. 네가 그 심리를 이해하면서 좋은 말로 수현아 다이어트 해야지, 이것 먹지 마, 좋게 이야기해주든지, 아니면 아예 관심을 갖지 마. 둘 중 하나를 하면 수현이도 너도 싸울 일이 없잖아."

마지막에는 이렇게 말하며 꼭 악수를 시킨다.

"서로한테 기분 안 좋게 했던 말 주고받으며 사과해. 서로 마음 상할 필요가 뭐가 있어."

먼저 수현이한테 이렇게 말하라고 한다.

"오빠가 이런 말 했을 때 내가 이렇게 반응해서 미안해. 앞으로는 조심할게."

수현이가 말하면, 찬혁이한테도 똑같이 말하라고 한다.

"수현아, 그 말에 네가 그렇게 기분 나쁠 줄 몰랐어. 내가 잘못했어. 이제 안 그럴게. 미안해."

찬혁이가 갑자기 웃음이 터진다. 엄마가 시키니까 하기는 하지만 스스로가 생각해도 오글거리니까! 아이들은 "악!" 소리를 지르며 껴안고 미안하다고 말한다. 이렇게 다툼은 마무리가 된다. 조금 오글거리더라도 이렇게 화해하는 습관을 갖게 해야 큰 틈이 생기지 않는다. 마음은 화해하기 싫어도 '화해'라는 제스처로 인해 화해할 수밖에 없는 상황이 된다. 어릴 때부터 습관이 안 되면 자라서는 더 못하고, 그러면 작은 싸움도 오래갈 수 있다.

'가족의 웃음'을 위해서라면

엄마

아이는 웃음이 많고 어른은 근심이 많다는 말이 있다. 그만큼 어른이 되면 웃는 것에 인색해진다. 우리 부부가 가진 가장 큰 재산은 웃음이다. 우리 부부의 사정을 훤히 아는 사람들은 우리를 보고 어떻게 늘 웃을 수 있느냐고 묻는다.

"이 집 사람들은 집에 꿀을 발라놓았나? 아니면 꿀을 숨겨놓았나? 왜 다들 웃는 반달눈이야?"

우리 가족은 얼굴 생김새가 모두 다르다. 그런데 딱 한 가지 같은 것은 웃는 눈이다. 나나 남편이나 힘든 시기가 많아서인지 웬만한 것은 받아들이고 기다리는 여유가 있다. 그래서인지 웃음도 많다. 아이들은 부모가 웃기 때문에 따라 웃는다.

나는 어릴 때 가장 부러웠던 것이 '가족의 웃음'이었다. 우리의 어린 시절은 웃음보다 눈물이 더 많았다. 그랬기 때문에 새로 꾸리게 된 가정 안에서는 늘 웃고 살자고 다짐했다. 남들이 보기에 다소 힘들어 보이는 생활도 예전에 비하면 더할 나위 없이 좋았기에 가만히 있어도 웃음이 나왔다. 신혼 때 단칸방에 살면서도 웃음이 그치지 않고 남들에게 베푸는 데 인색하지 않았던 것도 이런 감사하는 마음이 있었기 때문일 것이다.

'미래를 위해서 노력하자는 계획은 세우지만 미래를 위해서 현재를 희생하지는 않는다.'

우리도 모르는 사이에 이런 삶의 방식이 우리 가족 내부에서 만들어져 있었다.

우리 아빠 진짜 못 말려!

사실 남편은 굉장한 기분파다. 나도 남편의 삶의 방식에 넓게는 동의한다. 어릴 때 아이들은 아빠와 외출하는 것을 좋아했는데 이유는 "떡볶이가 먹고 싶어요!"라고 하면 "어묵도 먹어!" 하고 하나 더 집어주었기 때문이다.

또한 남편은 즉흥적으로 사람을 웃기는 재주가 있다. 그건 어쩌면 찬혁이가 이어받은 것도 같다. 찬혁이는 심각한 표정으로 개그맨보다 더 웃긴다. 웃음이 많은 나는 남편의 많은 장점 중에서도 이런 점을 특히 좋아한다. 아마도 남편은 수현이와 나를 웃기기 위해서 늘 노력했을 것이다.

남편은 가끔 엉뚱한 행동을 한다. 아이들이 어렸을 때였다. 하루는 우리 가족이 함께 놀러가기로 해서 아이들을 데리고 전철역에서 남편을 기다리고 있었다. 일을 마친 남편이 헐레벌떡 뛰어왔다.

"수현아~ 찬혁아~."

남편이 계단 위에서 타잔처럼 목청껏 아이들의 이름을 길게 빼서 불렀다. 그 소리에 주변 사람들이 모두 남편을 쳐다보았다. 그러나 남편은 아랑곳하지 않고 마치 찰리 채플린처럼 박자를 맞추어 뒤뚱거리며 계단을 내려왔다.

찬혁이는 놀라서 입을 쩍 벌렸고, 수현이는 눈을 반짝반짝 빛내며 신이 나서 깡충거렸다. 나는 창피해서 어딘가로 숨고 싶었다.

"그때 왜 그랬어?"

"왜 그러긴. 나도 모르지."

가끔 생각이 나서 물으면 남편은 이렇게 대답한다.

남편은 밖에서는 근엄한 편에 가까운데 가족들과 있으면 개그맨으로 돌변한다. 힘들다고 얼굴을 찌푸리자면 하루 종일 찌푸리고 있어도 모자랄 사람이 남편이었다. 출판 일을 할 때는 박봉에다 편집에 영업까지 혼자 하다시피 했고, 선교단체 일을 맡고부터는 '출판사에 다닐 때는 칼퇴근을 했구나'라는 생각이 들 정도 밤낮 없이 일했다.

"우리 아빠 진짜 못 말려."

남편은 아이들의 이런 찬사(?)를 은근히 좋아했다. 다음에는 어떤 희한한 행동을 할지 아무도 예상하지 못한다.

요즘 가만 보면 찬혁이가 아빠의 이런 면을 이어받은 것 같다. 찬혁이는 몽골에 가기 전에도 학교에서 이상한 짓을 하는 아이, 가장 웃기는 아이였다. 수현이는 "오빠 창피해 죽겠어요"라고 말하지만 사실은 또 그런 모습에 늘 웃어주었다.

우리 가족이 잘 웃는 또 다른 이유는 오늘 걱정은 오늘로 끝내기 때문이다. 이것은 성경에도 있는 말씀이다. 쓸데없는 걱정을 하지 않고 오늘 주신 것에 감사하면 웃을 수 있다.

'오늘 하루도 잘 지냈네. 그러면 됐다.'

'오늘 하루도 어찌어찌 잘 지나갔네. 그러면 감사한 거지.'

나는 아이들을 키우면서 하루를 마칠 때마다 이런 생각을 했다. 그리고 찬혁이와 수현이에게 말한다. 너희 덕분에 행복하다고.

"오늘 하루에 감사합니다. 엄마, 아빠와 잘 보냈습니다. 내일도 엄마, 아빠와 행복하게 지내게 해주세요."

그 순간, 그 하루가 사실은 삶의 총량이다. 지금 이 순간은 예전에 살았던 것 때문에 주어지는 것이란 사실! 이 순간이 행복하면 하루가 행복하고, 하루가 행복하면 또 1년이 행복하다. 그러니까 지금 이 순간 빵빵 터뜨리는 웃음이야말로 행복의 씨앗이 아닐까.

모든 것이 지나면 가족 간의 사랑만 남는다

아빠

내 인생에서 아이들과 가장 오랫동안 떨어져 지낸 것은 아이들이 〈K팝 스타 2〉에 참가하는 동안이었다. 아이들과 같이 있을 때는 어떻게 하면 내 생각을 아이들에게 합리적으로 전달하고 그것을 아이들이 받아들이게 할까 하는 생각이 강했다. 그러나 생방송이 시작되면서 아이들 곁에 있기 위해 아내도 한국으로 떠나고 나 혼자 몽골에 남아서 TV에 나오는 아이들을 보면서 가장 많이 드는 생각은 이것이었다.

'아이들이 원하는 대로 조금만 더 해줄걸.'

적절한 비유인지 모르겠지만, 부모님이 돌아가셨을 때 부모님께 잘한 자식보다는 못한 자식이 더 슬프게 운다고 하지 않는가. 내가 꼭 그런 심정이었다. 아이들이랑 함께 있을 때보다 더 아이들한테 못해준 것만 새록새록 떠올랐다.

아이들은 더 큰 세상으로 나아갈 힘이 있다

TV를 통해서 아이들을 보니 집에서 늘 보던 때와는 달랐다. 내 자식이 아니라 오디션 프로그램 참가자 악동뮤지션으로 좀 더 객관적으로 볼 수 있었다. 아이들은 내가 마냥 생각하듯 하나하나 챙겨주어야 하는 어린아이들이 아니었다. 혼자서, 아니 둘이서 더 큰 세상을 향해 나아갈 힘이 있었다. 그런 아이들을 내 눈높이로 판단하고 내 생각 안에 가두려고 했으니! 후회가 밀려들었다. 그때는 정말이지 아이들이 우승까지 할 것이라고는 생각하지 못했기 때문에 하루빨리 아이들과 아내가 몽골에 돌아오기만을 기다렸다.

'이번에 오면 아이들과 정말 재미있게 홈스쿨링을 해야겠다!'

'아이들이 원하는 대로 더욱 재미있게!'

나는 이런 생각을 하며 방송으로 아이들을 보면서 그리움을 달랬다. 한국으로 간 아내는 생방송 기간 동안에 1주일에 한 번씩 아이들을 찾아갔지만 나는 3개월 넘게 아이들을 못 봤다. TV 화면에서 내가 보내준 어릴 적 아이들의 사진이 나올 때는 울컥하면서, 아이들과 함께했던 순간들이 떠올랐다. 아이들과 함께 웃고 울던 기억이. 방송사에서 나도 생방송 자리에 나오라고 했지만 일부러 나가지 않았다. 〈K팝 스타 2〉는 아이들이 자신의 힘으로 처음 해보는 모험이었다. 그 모험을 지켜보고 싶었다. 좀 더 솔직하게 말하면 곁에 있으면 내가 이것저것 간섭하게 될 것 같아서였다.

나는 매주 방송으로 아이들의 노래를 들었다. 찬혁이의 곡들이 편곡되어 나오는 걸 들으니 내가 예상했던 차원을 넘어섰다.

'내가 옆에 있었더라면 아이들의 저런 모습을 볼 수 있었을까?'

아이들은 힘들어하면서도 매 순간 무대를 즐기면서 성취감을 얻어가는 게 보였다. 오늘을 즐겁고 행복하게 보내면서도 자신의 꿈을 향해 차근차근 나아가고 있었다. 멀리 떨어져 있으니 그동안의 일들, 그리고 아이들이 좀 더 객관적으로 보였다.

결국 남는 것은 가족 간의 사랑이다

결승 무대를 앞두고 찬혁이랑 두어 번 통화를 했다. 전화기 너머로 친구들이 하나 둘 떨어지는 걸 힘들어하는 아이의 목소리가 그대로 전해졌다. 결승 직전에 나는 한국으로 향했다. 결승까지 올라가리라고는 상상도 못했는데, 운명은 전혀 엉뚱한 방향으로 전개되고 있었다. 이제는 내가 간섭할 여지가 없어 보였다. 무대 하나만 남겨놓은 채 우승을 하든 못하든 이제 몇 달 동안 이어져온 도전의 끝자락에 다다른 것이다.

"아빠가 너무 보고 싶었어요."

무대 아래에 있는 나를 발견하고 찬혁이가 와서 이렇게 말했을 때, 아내랑 연애하면서 사랑 고백을 할 때 이상으로 떨렸다. 가슴이 벅차올랐다. 3개월 동안 떨어져 지내다보니 우리 모두 각자에게 어떤 의미인지 충분히 돌아볼 수 있었다. 나에게 찬혁이는 더 이상 어린애가 아니었고, 찬혁이에게 나는 더 이상 간섭쟁이가 아니었다.

사실 나는 방송이 끝나기만을 손꼽아 기다렸다. 몽골에서 홈스쿨링을 진짜 재미있게 하자고 약속했기 때문이다.

'같이 배낭여행을 가볼까? 그건 안 해본 건데?'

아이들이 몽골에 오면 가장 먼저 배낭을 꾸려서 어디론가 떠날 작정이었다. 찬혁이가 새로운 환경을 경험하면 좋은 노래가 많이 나오지 않을까 하는 기대도 했다. 아이들에게 더 이상 내일을 위해 오늘을 좁은 방 안에서 컴퓨터랑 씨름하라고 하고 싶지 않았다.

그런데 아이들이 덜컥 우승을 하고, 소속사를 결정해야 하는 상황이 왔다. 나와 아내는 아이들과 함께 몽골로 가서 다시 재미있게 홈스쿨링을 하겠다는 생각을 접고 1주일 동안 베트남으로 짧은 여행을 다녀오는 것으로 아쉬움을 달랬다.

가족이 함께 살면서 좋은 시간만 있는 게 아니다. 생각하기 싫은 만큼 괴로운 시간도 있다. 하지만 그 고통스럽고 괴로운 시간조차도 가족 안에서는 순화된다. 그 모든 시간이 지나고 난 뒤에 남는 것은 결국은 가족 간의 사랑이다. 우리는 짧은 여행에서 서로를 얼마나 사랑하는지를 다시금 확인했다. 오늘 행복하면 내일 더 행복한 날이 온다. 어느새 우리 가족의 새로운 가치가 되었다.

part 5

아이의

관찰자 되기

너희는
하나님의 걸작품이다

엄마

한창 자라는 10대에게 외모는 최대 관심사 중 하나일 것이다. 하루에도 열두 번 얼굴을 거울에 비춰보고 '코가 왜 이래' '눈이 왜 이래' 하면서 마음에 안 들어 한다. 그러다 이다음에 한두 군데 정도는 성형을 해야겠다고 생각한다.

나와 남편은 아이들이 어렸을 때부터 "너희는 하나님의 걸작품이다"라는 말을 해왔다. 그래서인지 아이들은 남들이 '못난이'라고 해도 별로 신경 쓰지 않는다. 오히려 '못나니'라는 노래를 만들어서 부를 정도로 '우리가 못생겼나? 못생겼다면 그래도 좋아'라고 쿨하게 인정한다. 어쩌다 가끔 "아, 내 코 왜 이래?" 하는 정도다. 한창 예민한 사춘기 때도 외모 때문에 주눅 든 적이 거의 없었다. 생각해보면 찬혁이와 수현이의 외모에 대한 자신감의 근거는 '사랑'인 것 같다.

아이들은 어릴 때부터 예쁜 짓을 많이 해서 우리 부부는 물론 주변 사람들로부터 사랑을 많이 받았다. 어른에게 깍듯하게 존댓말을 하고, 언제나 밝게 웃으며 인사하고, 어린아이들과 잘 놀아주니 예쁘게 보지 않는 사람이 없었다.

무엇보다 나는 남편을 한 번도 못생겼다고 생각해본 적이 없다. 그것은 남편 역시 마찬가지다. 우리는 서로에게 가장 잘생기고 예쁜 사람들이다. 서로 하나님의 걸작품으로 인정하고, 서로의 약점을 보완해주는 관계로 생각하다보니 밉다는 마음을 가질 틈이 없다. 그러니 우리 사랑의 결실인 수현이와 찬혁이는 얼마나 예쁘겠는가. 우리는 아이들에게 예쁘다는 말을 입에 달고 산다.

수현이는 예쁘다

하루는 화장실에서 수현이의 노랫소리가 한동안 들려왔다.

"수현아, 뭐 하니?"

거울을 보며 노래를 부르던 수현이가 말했다.

"엄마, 정말 예쁘지 않아요?"

"그래, 정말 예쁘다."

나는 수현이를 보고 웃지 않을 수 없었다. 거울을 보며 노래를 하는 딸아이는 사랑스럽고 예뻤다. 딸아이는 어릴 때부터 예쁘다는 말을 듣고 자라서인지 자신이 정말로 예쁜 줄 안다. 물론 자라면서 간혹 '현실적인' 이야기를 듣기도 한다.

"누굴 닮아서 코가 이렇게 낮아? 코를 좀 세워야겠다."

누군가 이렇게 말하면 그 순간 조금 신경을 쓰다가도 곧 아무렇지 않게 넘긴다. 수현이의 내면은 자신감으로 충만하기 때문이다. 사실 아름다움의 기준은 절대적인 게 아니지 않은가. 이 사람은 이래서 예쁘고, 저 사람은 저래서 예쁘고. 아이들에게 내적 자신감을 길러주는 것은 부모나 주변 사람들일 것이다. 아이가 가지고 있는 사랑스러움을 계속 이야기해주면 아이는 내적 콤플렉스를 느낄 틈이 없다. 수현이를 사랑하는 팬들은 말한다.

"쌍꺼풀이나 코 수술은 절대 하지 마!"

"코 수술 하면 팬카페 탈퇴할 거야!"

그러면 수현이는 말한다.

"당연하죠. 저 진짜 안 해요. 이게 얼마나 매력인데……."

심지어 코에 있는 점도 고소영이나 한가인 같은 예쁜 사람들에게만 있는 아주 매력적인 점이라고 자랑한다.

그러나 그런 딸아이도 한때 마음이 흔들린 적이 있었다.

"엄마, 나도 저 가수처럼 눈하고 코 하면 예쁘겠죠?"

사람들이 "너는 쌍꺼풀이랑 코만 하면 예쁘겠다"라고 말한 것을 기억해두었다가 TV에 나오는 가수를 보며 말한 것이다.

그러면 우리는 말한다.

"지금은 저런 얼굴이 유행이지만, 앞으로 10년 후면 너 같은 얼굴이 유행할지도 몰라. 사람들이 너도나도 성형을 하다보면 나중에는 다 똑같아져서 너처럼 성형하지 않은 독특한 얼굴이 더 예쁘다고 생각하게 될 거야."

수현이를 설령 못생겼다고 해도 우리는 상처받지 않는다. 물론 마음 한 켠에는 '우리 예쁜이를 감히……'라는 마음도 있지만. 무엇보다 수현이를 매력적이라고 생각하는 사람들이 많다. 몽골에서도 수현이는 또래나 오빠들한테 인기가 많았다.

"나는 국제 미인이야."

수현이의 이런 엉뚱함이 유쾌하다.

외모보다는 재능 찾기에 더 집중하게 하라

오히려 외모에 콤플렉스를 느끼는 건 찬혁이다. 사춘기가 되면서 자꾸만 입을 가렸다. 작은 키도 콤플렉스였지만 엄마와 아빠의 키가 크지 않으니 그건 어떻게 할 수가 없었다.

우리는 찬혁이가 잘하는 것을 칭찬해주기로 했다. 찬혁이는 춤을 잘 췄고 축구를 누구보다 잘했다. 키가 작든 크든 그것 두 가지를 잘하는 데는 변함이 없었다. 우리는 하나님은 외모를 따지지 않으시고, 한 사람 한 사람에게 걸맞은 능력을 주신다고 찬혁이에게 하루에도 몇 번씩 이야기해주었다. 덕분에 찬혁이는 외모에 고민할 시간에 자신의 재능 찾기에 더 집중했다. 그림도 그려보고, 춤도 춰보고, 소설도 써보고, 노래도 만들어보면서 자신이 무엇을 잘하는지를 고민했던 것이다.

일반적인 기준으로 보았을 때 찬혁이와 수현이는 '못난이'일 수 있다. 그러나 우리의 기준에서 보면 세상 누구보다 사랑스럽고 예쁜 아이들이다. 잘생기고 못생기고는 상대적인 것이다. 하나님은 우리 모두를 걸작품으로 만드셨다. 우리 아이들도 이 진리를 꼭 기억하면서 앞으로도 지금처럼 당당하게 살았으면 한다.

행복한 어린 시절이 최고의 선물이다

엄마

의정부에서도 조금 외진 동네. 찬혁이와 수현이가 몽골에 가기 전까지 살던 곳이다. 많은 부부들이 결혼을 하면 아이는 몇 명을 두고, 교육은 어떻게 하며, 집은 어떻게 마련할 것인가 같은 계획을 세운다. 그러나 우리는 이 '어떻게'를 구체적으로 계획하지 않았다. 그저 아이를 두 명 정도 낳아 그 아이들이 사랑을 아는 아이로 자랐으면 좋겠다는 게 계획의 전부였다. 남편과 나의 가장 큰 목표는 행복한 가정이었다. 행복에는 분명 물질적인 부분이 차지하는 비중이 작지는 않지만, 우리는 그보다는 가정의 '화목'에 목표를 두었다. 우리는 가정의 화목이 다른 사람들보다 조금 더 목마른 사람들이었다.

우리가 생각하는 화목한 가정을 이루는 첫 번째 요건은 아이들을 잘 키우는 것이었다. 우리 부부에게는 부족했던 행복한 어린 시절을 아이들에게 선물하고 싶었다. 지금 생각해보면 어릴 때 친구들이 좋은 옷을 입고, 피아노를 배우고 했던 것을 부러워했던 기억은 거의 없다. 그보다는 부모와 함께 밥 먹고, 놀고 하던 아이들이 부러웠다.

그러다 보니 아이들과 함께 놀고, 밥 먹고, 이야기를 나누는 시간이 그렇게 소중할 수가 없었다. 자연히 일을 다니자는 생각보다 집에서 아이들을 돌보며 있게 되었다. 대신 남편 혼자 벌어서 가계를 꾸려가야 했기 때문에 과자는 먹고 싶은 것 한 개씩만 사고, 놀이동산에 놀러가는 대신 집에서 시내까지 걸어가는 등의 절제는 기꺼이 감수했다. 세상에는 공짜가 없으니까 하나를 얻으면 하나를 잃게 마련이라고 생각한다.

아이의 외로운 마음을 알아주고 어루만져주라

지금 생각해도 아이들의 어린 시절을 함께해준 것은 잘한 결정이었다고 생각한다. 아파트를 사기 위해, 아이한테 과외를 하나 더 시키기 위해 아이들끼리 집에 두고 돈을 벌어 아파트를 사고, 아이한테 과외를 하나 더 시키는 게 과연 좋다고 말할 수 있을까? 이미 아이의 조그만 가슴에는 알게 모르게 빈자리가 생기고 생채기가 나 있을지 모른다. 그렇다고 모든 엄마나 아빠가 일을 그만두고 집에서 아이를 돌보아야 한다는 말은 아니다. 아무리 바빠도 아이의 외로운 마음을 알아주고 어루만져주라는 것이다. 아이는 그런 마음의 보상이 있다면 자신이 겪어야 하는 상황을 기꺼이 감수할 것이다.

하지만 부모가 경제적으로 좀 더 윤택한 삶을 위해서 돈을 버느라 아이들을 방치한다면 아이들의 작은 가슴에는 멍이 든다.

찬혁이가 세 살 무렵, 우리 옆집에는 네 살, 다섯 살 연년생 아이들을 둔 부부가 살았다. 아이들은 어린이집에서 5시에 집에 와서 밤 10시, 11시 부모가 올 때까지 기다렸다. 옆집은 아파트로 이사를 가기 위해서 아이도 부모도 기꺼이 희생을 감수했다. 아이들은 지저분한 집에서 제대로 된 밥도 못 먹고 부모가 오기를 기다렸다. 그러다 밖에서 사람들이 싸우는 소리가 들리거나 하면 놀라서 우리 집으로 뛰어왔다. 그러면 우리는 아이들을 데리고 있다가 부모가 오면 돌려보냈다. 결국 옆집은 돈을 모아 이웃 동네 아파트로 이사를 갔다. 목표는 이루었지만 아이들끼리 있으면서 느꼈을 서글픔과 외로움, 두려움은 어떻게 보상할 수 있을까?

'애들 때문에 돈을 벌어야 해.'

'애들 좋은 대학에 보내기 위해서는 허리띠 졸라매고 아껴야 해.'

이게 과연 아이들을 위한 것인지 한번 생각해보았으면 한다.

아이에게 정서적인 안정을 주어라

내가 이런 생각을 더욱 굳히게 된 계기가 있었다. 남편이 선교단체 일을 하면서 생활이 어려워져 어린이집 아르바이트를 잠깐 한 적이 있다. 나는 그 일이 무척 재미있었고, 잘하기도 했다. 우리 아이들을 돌보는 것과는 또 다른 재미가 있었다. 처음에는 오전 몇 시간만 일을 하려고 했는데, 어린이집 사정 때문에 일하는 시간이 더 늘어났다.

그런데 문제가 생겼다. 늘 명랑하고 쾌활하던 수현이가 시무룩하고, 어린이집에만 가면 울었던 것이다. 수현이의 행동이 이상해서 어린이집 선생님에게 물었다.

"수현이 어때요?"

"선생님 이야기에 잘 집중하지 못하고, 친구들과도 잘 안 어울리고, 만날 혼자 앉아서 무언가를 해요."

그 일이 있고 나서 나는 바로 일을 그만두었다. 일을 계속하다간 어린 수현이가 어떻게 될지 모른다는 불안감 때문이었다.

'아이를 잘 키우고 행복하게 사는 것.'

이것이 우리가 결혼해서 가정을 꾸린 이유였다. 아이에게 가장 필요한 것은 정서적인 안정인데, 아이가 불안을 느낀다면 그것은 안 될 일이었다.

아이와 함께 있는 시간 동안은 아이에게 충실하라

어린이집이나 미술 학원에서 아르바이트를 하고 있을 때 아이를 맡기는 맞벌이 부모는 직장에 출근하기 전에 아이를 어린이집에 맡겼다가 퇴근해서 데려갔다. 그걸 보면서 부모나 아이나 '참 힘들겠다'는 탄식이 절로 나왔다.

대여섯 살이면 엄마 손이 가장 많이 필요한 시기로 하루 종일 엄마를 찾고, 개구쟁이 짓도 많이 한다. 그 시기에 엄마가 아이 교육비를 벌기 위해서 아이를 교육기관에 맡기는 아이러니라니!

아이와 함께 있어야 엄마는 아이의 상태를 제대로 알 수 있다. 아이가 무엇을 좋아하고 또 싫어하는지, 어디가 아픈지, 무엇을 원하는지, 무엇을 잘하는지 등을 알아차릴 수 있다. 어린이집을 그만두고 집에 있게 되면서 일 다닐 때는 몰랐던 아이들의 모습이 새롭게 보였다.

사실 엄마가 집에 있다고 해서 크게 변하는 건 없다. 맛있는 걸 더 해주는 것도 아니고, 더 놀아주는 것도 아니다. 다만 언제 어디서나 엄마를 필요로 할 때 옆에 있어줄 수 있다. 대여섯 살짜리 아이에게는 이게 가장 필요한 게 아닐까. 여러 가지 사정 때문에 그렇게 할 수 없다면, 아이와 함께 있는 시간만큼은 아이에게 충실해보자. 아이를 세심하게 관찰하고 함께 놀고 함께 있어주면서 엄마라는 든든한 존재가 늘 함께하고 있다는 느낌을 갖도록 하자.

아이들은 좋은 옷이나 좋은 집, 좋은 차에 대한 욕심이 없다. 엄마가 있으면 두려움이 없으며, 세상에서 혼자가 되었다는 막막함도 없다. 우리는 아이들에게 많은 것을 해줄 수는 없지만, 가장 중요한 것 한 가지는 해주려고 생각했다. 자신을 사랑해주는 존재가 늘 함께하는 것 말이다.

일상생활이
아이들의 놀이다

엄마

어느 부모든 아이를 어떻게 키울까 고민을 많이 한다. 그중에는 어떻게 하면 공부를 잘하게 할 수 있을까 하는 고민이 많은 부분을 차지할 것이다. 반면 나는 어떻게 하면 잘 놀아줄 수 있을까를 고민했다.

찬혁이가 초등학교 4학년쯤 되었을 때, 학원에 보내달라고 했다.

"무슨 학원? 공부하는 학원?"

내 질문에 찬혁이는 한 달에 20만 원이면 된다는 엉뚱한 대답을 했다.

"학원에 왜 가고 싶어? 공부하고 싶어?"

나이가 어린 게 걸렸지만 공부하고 싶어서 학원에 가려 한다면 당연히 보내야 한다고 생각했다. 그런데 찬혁이는 뜻밖의 대답을 했다.

"친구들이 다 거기 있어요."

학교가 끝나면 운동장이며 동네에 친구들이 썰물 빠져나가듯이 학원으로 다 가고 없었다. 그러니까 같이 놀 친구들을 찾아서 학원에 가겠다는 것이었다.

"친구를 만나려고 20만 원씩이나 들여 학원 갈 필요 있어? 대신 엄마, 아빠가 놀아줄게."

그때부터 찬혁이의 방과 후 '놀이학교'가 시작되었다. 낮에는 나와 놀이터에 가서 놀고, 아빠가 퇴근해서 오면 학교 운동장에서 축구를 했다. 찬혁이가 운동장에서 아빠랑 축구를 하면 주변에서 놀던 아이들이 가세해 함께 공을 찼다.

남편과 나는 고민이 되었다.

'아이들이랑 어떻게 놀아주어야 학원 가고 싶다, 학원 가서 친구들을 만나고 싶다는 엉뚱한 말을 안 할까?'

그러나 막상 실내가 아닌 운동장에서 놀아주려고 하니 아는 놀이가 없었다. 초등학교 저학년과 중학년은 미취학 아동과는 다르다. 까꿍 놀이, 노래 부르기, 블록 쌓기 같은 것은 그야말로 영유아를 위한 놀이다. 나는 어릴 때 어떻게 놀았나를 생각해보았다. 한마디로 그냥 놀았다. 그때를 떠올리며 임기응변으로 놀이법을 개발하기 시작했다. 수현이가 초등학교 1학년 무렵에는 평일에는 놀이터나 또래 친구 집에 자주 놀러가곤 했다. 그 집에 아기가 있으면 찬혁이와 수현이가 아기들을 봐주면서 놀고, 언니나 오빠가 있으면 같이 어울렸다. 밤이 되어 남편이 퇴근해서 오면 운동장에서 배드민턴이나 축구 등을 했다.

아이들과 할 수 있는 놀이는 생각보다 많았다. 예를 들어 장을 보러 갈 때 아이들을 데려가는 과정 자체가 놀이가 될 수 있었다. 나는 유치원에서 하는 장보기 놀이가 진짜 장보기인 줄 알았다. 나중에 보니 물건을 차려놓고 파는 가게 놀이였다. 이런 놀이를 위한 놀이보다는 아이들 손을 잡고 재래시장에서 진짜 장보기를 하는 게 훨씬 재미있었다.

수현이랑 소꿉놀이를 할 때는 소꿉에 흙을 담아 먹는 시늉을 하는 게 아니라 주먹밥 등 도시락을 싸서 소꿉놀이를 하다가 진짜로 먹었다. 어떤 날은 집에서 시청까지 걸어가는 놀이도 했다. 집에서 시청까지는 아이들 걸음으로 한 시간 반에서 두 시간쯤 걸렸는데, 걸어가는 길에는 별별 게 다 있었다. 우리는 가다가 멈춰서 가게 구경도 하고, 은행에 들어가보기도 하고, 좌판을 구경하기도 했다. 아이들은 집에서 장난감을 가지고 노는 것보다 이렇게 밖에서 노는 걸 훨씬 좋아했다. 아이들이랑 놀다보면 놀이 아이디어들이 무궁무진하게 떠올랐다.

나는 구슬 꿰기나 종이접기같이 놀이를 위해 만들어진 것만 놀이가 아니라 아이의 눈으로 세상을 보게 하는 것이 진짜 놀이라고 생각한다. 어른의 눈에는 보이지 않는 것이 아이의 눈에는 보인다. 그러므로 어른에게는 평범한 일상의 한 부분이지만 아이에게는 모든 게 신기한 볼거리다. 좌판에 놓인 왈왈 짖는 강아지 인형도 좋은 놀

잇감이다. 아이들은 강아지 인형을 보면 "와, 이것 봐!"라고 신기해하면서 살아 있는 강아지를 만지는 것처럼 조심스럽게 만졌다가 금방 놓는가 하면 어떻게 움직이는지 꼼꼼히 관찰하기도 한다. 집에서 블록 쌓기나 탑 쌓기를 하면 금방 지루해하지만 이런 엄마표 놀이를 하면 지루할 틈이 없다. 엄마가 준비해주지 않아도 놀거리가 길거리에 풍성하게 널려 있으니까!

놀이와 삶은 하나다

주말에는 아이들 친구들이랑 엄마들과 같이 연극이나 뮤지컬을 보러 가기도 하고, 도시락을 싸서 뒷산에 오르기도 했다. 나들이가 여의치 않으면 아이들과 등산을 했다. 특별한 날에 등산을 할 때는 그날을 기념하는 이벤트도 했다.

"내일이 삼일절인데 우리 태극기를 만들어서 갈까?"

아이들한테 A4 용지를 반 잘라서 주며 태극기를 그리라고 했다. 나는 아이들이 그린 태극기를 나무젓가락에 붙였다. 다음 날 우리는 태극기를 들고 산에 올라가는 도중에 "야호!" 하는 대신에 "대한독립 만세!"를 외쳤다. 그러고는 산 정상까지 올라가는 동안 삼일절이 어떤 날인지를 이야기해주었다.

"삼일절은 우리나라의 독립을 위해 유관순 누나를 비롯한 많은 사람들이 대한독립 만세를 외친 날이야."

이렇게 해서 아이들은 삼일절이 단순한 공휴일이 아니라 조상들이 독립을 위해 '대한독립 만세'를 부른 의미 있는 날이라는 걸 알게 되었다. 산 정상에 도착해서 아이들이 태극기를 흔들며 "대한독립 만세"를 외치자 주변 사람들이 신기한 듯 바라보더니 말했다.

"애들아, 태극기 좀 빌려주겠니?"

사람들은 아이들의 태극기를 빌려서 "대한독립 만세"를 외쳤다. 아이들이 만든 태극기가 이 사람 저 사람 손으로 옮겨다녔다. 아이들은 자신들이 만든 태극기로 어른들이 대한독립 만세를 부르자 뿌듯해했다. 그날 아이들은 무슨 대단한 일을 한 것마냥 우쭐해했다.

나는 이런 식으로 아이들과 함께 놀고, 놀면서 공부하는 게 재미있었다. 그러한 과정을 통해 아이들은 몸과 마음이 건강하게 자랄 것이기 때문이다. 놀이와 삶이 한데 어우러지는 것, 이러한 생각은 나중에 아이들이 어른이 되었을 때도 하나의 삶의 방식으로 자리 잡게 할 것이다. 행복한 삶을 위한 공부는 바로 놀이를 알아가는 것이라고 생각한다. 부모라면 같이 놀아줌으로써 아이들의 삶에 놀이를 돌려주어야 하지 않을까.

자신의 약점은 인정하고 받아들이게 하라

아빠

찬혁이는 초등학교 6학년 때 몽골에 와서 한글을 충분히 익히지는 못했지만 그래도 어느 정도는 했다. 반면 수현이는 초등학교 3학년 때 와서 한글 실력이 많이 모자랐다. 수현이는 한글도 늦게 떼어 한국에서도 받아쓰기를 하면 곧잘 틀렸다. '이야기'의 준말인 '얘기'를 '예기'로 쓰고, 몇 개 단어는 습관적으로 틀렸다.

아이들의 서툰 한국어 때문에 나는 꽤나 고민이 되었다. 어떻게 하면 아이들의 한국어 실력을 끌어올릴 수 있을까 고민하다 솔직하게 말했다.

"얘들아, 아빠가 한국어 발음에 좀 더 주의를 할게. 우리 조금씩 틀리는 게 있어. 서로 조심하면서 고쳐나가자."

아이들의 발음이 틀리면 그때그때 기분 나쁘지 않게 지적해 고쳐나갈 생각이었다. 그런데 갑작스럽게 대중 앞에서 노래를 하고 인터뷰를 하는 사람이 되니 발음에 더욱 신경이 쓰였다.

우아, 멋지다!

아내와 나는 아이들이 몽골에 갈 때부터 몽골어는 거의 못하고 영어도 잘 못하는데다 한국어마저 신통찮으면 어떡하나 내심 걱정이었다. 앞으로 영어는 공부할 기회가 많겠지만 한국어를 공부할 기회는 많지 않을 것이기 때문이었다. 그런데 재미있는 사실은 눈앞에 극복해야 하는 문제, 도전해야 하는 과제를 두고 찬혁이와 수현이의 반응이 전혀 다르다는 것이다.

"어린 나이에 몽골에 와서 한글을 체계적으로 배우지 못해서 그런 것 같아. 어릴 때는 발음을 또박또박 했는데 커서는 자신이 없으니까 제대로 못 하나봐. 열심히 노력해보자."

내가 이렇게 말할 때 찬혁이는 걱정스러운 표정을 지었지만 수현이는 눈을 반짝거렸다.

"정말? 우아, 멋지다!"

수현이의 반응은 의외였다.

"뭐가?"

"그러니까 우리가 어릴 때부터 외국에 살아서, 예를 들면 재미교포 2세 같은 사람들처럼 발음을 못한다는 거잖아. 어딘지 모르게 멋진걸!"

수현이의 말에 우리는 개미처럼 허리가 꺾어지도록 웃었다. 개미는 원래 허리가 통통했는데 어처구니없는 일로 웃다가 허리가 꺾여서 지금처럼 가늘게 되었다는 채만식 선생님의 동화가 있다.

한국어 발음은 예상외로 어렵다. 영어는 단어와 단어 사이에 연음이 있지만 한국어는 음절과 음절 사이에 서로 간섭이 일어난다. 발음이 어려운 건 영어가 아니라 사실은 한국어다. '논란'은 쓸 때는 '논란'이라고 하지만 발음은 '놀란'이라고 해야 한다. 비슷하게 '임진란'은 '임질란'이 아니라 '임진난'으로 발음해야 한다. 학교 때 배운 머리 아픈 두음법칙, 구개음화, 자음동화, 경음화 같은 문법들이 사실은 다 발음 규칙이다. 수현이는 어릴 때는 말을 잘했는데, 어느 순간부터는 발음에 자신이 없어서인지 분명하지 않게 처리했다. 한국어는 배울수록 어렵다는 것을 느낀 증거였다.

서로를 보고 배우게 하라

자신의 약점을 받아들인다는 것은 생각만큼 쉽지 않다. 그것을 고치려는 노력이 뒤따라야 하기 때문이다. 외면하거나 겁부터 먹고 도망갈 수도 있다. 다행스럽게도 찬혁이와 수현이는 '자연스럽게 받아들였으면 좋겠다'는 나의 바람대로 선선히 받아들였다. 이때 내가 주목한 것은 찬혁이와 수현이가 스트레스에 대응하는 방식이었다. 가수에게 발음이 나쁘다는 건 치명적인 약점이다.

찬혁이는 노력하겠다는 다짐대로 발음을 교정하기 위해서 의도적으로 입을 크게 벌렸다. 그 과정에서 발음을 기계적으로 한다는 등의 말을 들어 조금 스트레스를 받았다. 반면 어물쩍 발음을 넘기던 수현이는 정확한 발음을 물어보면서 고쳐나갔다. 모르면 물어보는 게 당연하니까 당당하게 물어본 것이다.

수현이를 볼 때마다 신기한 건 이 아이만큼 긍정적인 아이를 보지 못했다는 것이다. 수현이한테는 나쁜 일이 없다. 자신의 약점조차 낭만적인 일로 받아들이듯 어떤 일이든 쉽게 받아들였다. 남들이 어렵다고 하는 다이어트조차 치킨을 먹어가며 천천히 스트레스받지 않고 하고 있다.

'어떻게 저렇게 매사에 긍정적일 수 있을까?'

분명 거기에는 기질도 한몫할 것이다. 아내는 어떤 일이 있든 걱정을 하지 않는다. 대신 그 시간에 할 수 있는 게 뭐가 있을까 생각해서 빨리 하나라도 찾아서 하는 편이다. 수현이는 아내의 그런 점을 닮았다.

반면 찬혁이는 나와 비슷하다. 어떤 일이든 정석대로 처리하려고 한다. 그러다 보니 찬혁이와 나는 상대적으로 고민이 많다. 내가 아내에게 살면서 배우는 게 많듯이 찬혁이는 아마도 수현이를 통해서 많이 배울 것이다. 서로가 이렇게 다르기 때문에 배우는 것이 더욱 많지 않을까.

아빠 내려놓기,
아니 끌어안기

엄마

부모는 아빠와 엄마를 함께 지칭하는 말이다. 아이를 돌볼 때 엄마 몫, 아빠 몫의 일들이 있다. 10년 가까이 다니던 출판사를 그만두고 선교단체에 들어가자 남편은 더 바빠졌다. 새벽 2~3시쯤 들어와서 몇 시간 자고는 다시 집을 나갔다. 집안일은 모두 나에게 맡겨졌다. 남편이 늦게 들어오고 싶어서 늦게 들어오는 것도 아니니 잔소리를 하는 것은 무의미했다. 1년쯤 이런 생활을 하자 나름대로 결론이 내려졌다.

'남편이 쉬는 날은 푹 쉬게 두고, 우리끼리 나가서 놀자.'

주말이 되면 남편을 자게 두고 아이들과 집을 나섰다. 아이들과의 여행이 시작된 것이다. 미술관이나 박물관같이 교육적으로 필요한 곳이 아니라 아이들이 마음껏 뛰어놀 수 있는 잔디밭이나 광장이 있는 곳으로 향했다. 토요일, 일요일에는 차 없는 거리가 되는 의정부 시청 앞으로 도시락을 싸서 나가기도 했다. 여행이란 어디로 가느냐가 중요한 게 아니다. 다시 충만해져서 오는 것, 그것 자체가 아닐까. 이렇게 나갔다 오면 '오늘 하루도 잘 보냈구나'라는 감사의 마음이 절로 나왔다.

아빠랑 함께하면 더욱 특별하다

혼자 집에 남은 남편은 위기의식을 느꼈던 것일까? 언제부터인가 우리가 나가는 기척이 들리면 자다가도 깨어서 어디로 가느냐고 물었다. 그러고는 이렇게 덧붙였다.

"내가 차로 데려다주지 않아도 돼?"

그때 우리에게는 선교단체에서 제공해준 차가 있었다.

"응, 우리끼리 갈 수 있어."

별 의미 없이 '우리끼리'라고 말을 했는데, 그 우리 안에는 남편이 없었다. 그전까지는 '우리'라고 했을 때는 우리 가족 모두를 지칭하는 말이었다. 아빠가 없어도 모든 것이 잘 굴러간다는 것은 가장에게 안심을 주는 게 아니라 왕따당하는 건 아닌가 하는 일말의 불안감을 주는 모양이다. 물론 오늘, 그것도 몇 시간 동안만 남편은 '우리' 안에 끼지 못하는 것인데, 그것조차 서운했던 모양이었다.

남편은 잠을 포기하고 우리를 따라나섰다. 아이들보다 먼저 준비를 마치고 어디로 갈 것인지를 물었다. 남편이 동행하게 되면서부터 여행이 더욱 여행다워졌다.

아이들이 자전거를 타면 뒤에서 응원하며 지켜봐주고, 아이들이 달리면 뒤에서 잡으러 가는 시늉을 하면서 아이들을 까르르 웃게 만들었다. 그뿐인가. 아이들이 떡볶이라도 사달라고 하면 기분파인 남편은 "그래, 좋아!" 하면서 아이들을 더욱 신이 나게 했다. 이런 일들을 늘 함께 있는 엄마보다 어쩌다 함께하는 아빠가 해주면 아이들은 더욱 특별하게 기억할 것이다.

부모에게 재미란 아이들과 노는 것이다. 대다수의 아빠들이 잘 모르는 이 재미를 남편은 알아가기 시작했다. 남편도 아이들과 함께 노는 게 재미있었는지 다음 주말에는 어디에 갈지 직접 스케줄을 짜기도 했다.

선물만 사주려고 하지 마라

아이를 사랑하지만 가정에서 어떻게 해주어야 하는지 잘 모르는 게 아빠란 존재다. 어떻게 해야 하는지 모르기 때문에 아이가 좋아하는 것을 보려고 비싼 물건을 대책 없이 사주기도 한다.

그에 비하면 남편은 탁월한 아빠였다. 아이들이 원하는 걸 잘 알았으니 말이다. 아이들이 자전거를 탈 때면 뒤에서 잡아주고, 목말을 태워주고, 사진을 찍어주고, 어설프게 놀아줌으로써 웃음을 주는 등 아빠만이 할 수 있는 일을 했다. 그것은 엄마가 대신해줄 수 없는 것이었다.

이렇게 우리는 아빠를 내려놓음으로써 아빠에게 기회를 준 셈이 되었다. 아빠 스스로 가족에게 다가올 수 있는 기회 말이다. 이 기회를 남편은 잘 잡았지만 잡지 못하는 아빠들도 많을 것이다. 소소한 팁을 주자면 무조건 가족들과 함께하라는 것이다. 그러다 보면 기회가 생기고, 가족과 어울리다보면 그 방법을 스스로 터득하게 될 것이다. 아니, 아빠란 존재가 같이 있다는 사실만으로도 가족들은 끌어안아줄 것이다.

오늘 하루의 삶에도 감사할 것이 많다

아빠

시작이 있으면 마무리가 있다. 우리 가족은 1년이 시작될 때, 그리고 마무리할 때 우리가 어떤 계획을 세웠고, 어떻게 살아왔는지 정리하는 시간을 갖는다.

2009년 12월 31일, 우리가 몽골에 간 지 얼마 안 되었던 그때가 감사의 절정이었던 것 같다. 우리 가족의 감사 항목은 무려 25개나 되었다.

수현

· 매일 아침 예배로 첫 시작을 열고 성경을 통해 하루의 목표가 주어지는 것에 감사합니다.

· 친구들과의 관계에서 인내하고 섬기려고 했을 때 좋은 결과로 돌아오게 해주셔서 감사합니다.

· 아이들을 돌보는 데 대한 저의 재능을 발견하고 그것을 쓰일 수 있게 해주셔서 감사합니다.

· 제가 구했던 것뿐만 아니라 구하지 않았던 것들도 얻을 수 있게 해주셔서 감사합니다.

· 하나님과 함께하는 시간이 많아진 것에 감사합니다.

· 우리 가족이 몽골에 온 이후로 몽골에 비도 많이 오고, 한국 물건도 많이 들어올 수 있게 해주셔서 감사합니다.

· 살을 뺄 수 있게 해주셔서 감사합니다.

찬혁

· MK스쿨에 다닐 때 영어 때문에 받았던 스트레스가 홈스쿨링을 하면서 사라졌고, 친구들이 나의 주관과 개성을 인정하고 좋아하게 해주셔서 감사합니다.

· 한국에서 6학년 1학기 초까지만 해도 전혀 생각하지 못했던 말타기나 홈스쿨링 같은 새로운 경험을 할 수 있게 해주셔서 감사합니다. 또 열다섯 살의 청소년이 된 것, 키도 많이 자란 것에 감사합니다.

· 한국에서 몽골로 봉사를 나오신 단기팀을 통해 넷북을 선물로 받은 것에 감사합니다.

· 할아버지가 집사님이 되신 것에 감사합니다.

엄마

· 이사 전 비자 때문에 매일 예배하며 기도했는데 이렇게 무사히 몽골에 계속 있을 수 있게 해주셔서 감사합니다.

· 찬혁이와 수현이의 홈스쿨링과 함께 저도 영어 공부를 시작할 수 있

게 된 것에 감사합니다.

· 6월에 아르항가이로 여행을 다녀올 수 있게 해주셔서 감사합니다.

· 홈스쿨링을 잘 시작할 수 있게 해주셔서 감사합니다.

· 이사 와서 좋은 이웃을 많이 만나게 된 것에 감사합니다.

· 이사 와서 가정 예배를 시작한 뒤로 MK스쿨의 밀린 학비, 비자 문제, 찬혁이와 수현이의 친구 문제, 몽골의 정치 안정 등, 우리가 기도드린 많은 것들이 이루어지게 해주셔서 감사합니다.

· 팽 선교사님께서 남편의 학교 등록금을 내주신 것에 감사합니다.

아빠

· 4월에 지금 살고 있는 아파트로 이사 오게 해주셔서 감사합니다.

· 8월에 MK스쿨의 밀린 학비를 후원받게 해주셔서 감사합니다.

· 우리 가족 모두 성경 묵상과 기도를 잘할 수 있게 된 것에 감사합니다.

· 두 곳의 현지인 교회를 섬길 수 있었던 것에 감사합니다.

· **교회의 후원을 받게 된 것에 감사합니다.

엄마 · 아빠

· 찬혁이와 수현이가 엄마 아빠에게 순종하고, 리더십을 발휘해서 친구들과 선생님들 사이에서 인정받게 된 것에 감사합니다.

· 1년 동안 많은 잘못을 했는데도 회개했을 때 용서해주셨고, 그 죄를 기억하지 않으시고 우리도 생각나지 않게 해주셔서 감사합니다. 25개의 감사 항목, 6개의 반성 항목 중에서 감사 항목이 더 많게 해주셔서 감사합니다.

반면, 우리 가족 모두 반성할 것은 아래 6가지 항목밖에 없었다.

- 홈스쿨링 레벨 2에 접어들면서 가족 모두 많이 게을러진 것을 반성합니다.(엄마)
- MK스쿨 다닐 때 어떤 선생님을 특별히 싫어한 것을 반성합니다.(수현)
- 수업 시간에 딴짓했던 것을 반성합니다.(찬혁)
- 우선 순위를 잘 지키지 못하고 중요하지 않은 일에 시간과 열정을 낭비한 것을 반성합니다.(아빠)
- 자주 놀러가고, 잘 먹고, 잘 쉬는 것에 휩쓸렸던 것을 반성합니다.(엄마)
- 이웃과의 관계에서 소극적이고 소홀했던 것을 반성합니다.(아빠)

가장 혹독했던 시기에도 감사할 게 많았다

2011년, 몽골에서 가장 혹독한 겨울을 보낸 그해 12월 31일에도 가족예배를 드리고 1년을 정리하는 시간을 가졌다.

"우리가 올해 감사한 것은 무엇일까?"

'건강을 주셔서 감사합니다, 크게 아프지 않고 지내서 감사합니다, 집이 있어서 감사합니다, 제 방이 있어서 감사합니다, 코업에서 친구들을 만나서 감사합니다, 휴대전화를 갖게 되어서 감사합니다, 나눔비를 내어 가난한 이웃을 도울 수 있어서 감사합니다' 등 무려 30개가 넘게 나왔다.

"그럼 실수하거나 잘 안 되어서 후회했던 것은 무엇일까?"

신기하게도 5개도 되지 않았다. 실수하고 잘못한 일을 찾으려고 하면 할수록 감사한 일만 새록새록 떠올랐다.

성경 말씀에 하나님은 우리의 실수를 기억하지 않는다고 하셨다. 그때그때 잘못했다고 고하고 뉘우치면 하나님은 기억을 하지 않는다. 부모도 마찬가지다. 아이가 잘못했다고 하면 용서해주고 다 잊어버린다. 그런 과정이 있기 때문에 인간은 죄의 무게에 짓눌리지 않는 것이다.

가장 가혹한 시기를 보내는 동안에도 감사할 일이 많다는 것이 정말이지 감사한 일이었다. 아이들이 감사하다고 말한 휴대전화는 2만 원짜리 중고였다. 중고폰을 사주고 큰맘 먹고 우리 돈으로 5,000원 정도를 충전해주었다. 휴대전화를 사준 것도 코업에 가게 되면 당장 코업 친구들과 연락을 주고받아야 하기 때문이었다.

'찬혁이가 그토록 갖고 싶어 하던 스마트폰이 아닌 중고 2G폰을 사주어도 감사해하는구나.'

아이들의 감사의 말을 들을 때마다 정말로 감사한 것은 나였다.

부모로서 가슴 아플 때는 아이들에게 "예스!"라고 쉽게 말하지 못할 때다. 아이들이 고기를 먹고 싶어 하는데도 사줄 수 없을 때는 속이 상한다. 그러면 수현이는 고기를 사먹자며 그동안 애써 모은 1만 원을 선뜻 내놓는다.

그해에 우리는 돈 때문에 힘든 일이 많았다. 한국에서 후원이 끊어지는 바람에 주위 선교사들의 십시일반 도움으로 살았다. 감사보다는 힘들다는 마음이 앞섰다. 그런데 아이들은 그 모든 것을 감사하게 생각했다.

감사는 화해를 하게 만든다

감사는 화해를 하게 만든다. 그게 사람이든, 아니면 시간이든 응어리진 것을 풀어준다. 분명 우리가 지나온 현실은 죽을 만큼 힘들었고 치열했지만 되돌아보니 받은 게 많고, 우리가 베푼 것도 많았다. 삶이 결코 빈곤하지 않았다. 묵상을 하면서 나는 감사가 가진 은혜에 감동했다. 사람들은 재정에 대해서 생각할 때 많아야 부족함이 없다고 여기지만, 사실은 감사가 많아야 부족함이 없다.

아이들이 부모가 선택한 삶을 이해하는 것, 특히 사춘기 때 이해해주는 것이 우리에게는 무엇보다 큰 기쁨이었다. 후원으로 꾸려지는 삶을 산다는 건 엄격함이 요구될 수밖에 없다. 누가 보든 그렇지 않든 우리의 양심이 그것을 판단하기 때문이다.

그런데 이건 늘 더 높은 곳을 향하는 속성을 가지고 있다. 점점 더 엄격하게 우리를 연단하는 것이다. 따라서 일반인의 시각에서 봤을 때 우리의 삶은 상상할 수 없을 정도로 고단하다. 우리는 찬혁이나 수현이의 요구가 있을 때마다 들어줄 수 있는지 아니면 어느 정도 선에서 들어줄 수 있는지, 전혀 들어줄 수 없는지를 솔직하게 말했다. 그러면서 한 가지 덧붙인다.

"기도해봐. 하나님이 모든 걸 다 들어주시지는 않지만 꼭 필요한 건 들어주셨지 않니?"

그건 그랬다. 네 가족이 한 달에 평균 천 달러로 생활하는 게 쉽지는 않았지만 우리는 베풀면서 나름대로 풍족하게 생활했다.

"우리 가족이 파란만장하게 살았지만 이렇게 감사할 게 많은 것만으로도 매우 감사하다."

"저는 엄마, 아빠와 함께 살 수 있어서 감사해요."

"이런 시간을 갖게 해주셔서 감사해요."

나야말로 아이들이 1년간 보여준 아름다운 행동 때문에 눈시울이 뜨거워졌다. 이런 시간이 있었기에 고단한 삶을 살아가는 데 필요한 힘과 용기를 얻을 수 있었을 것이다.

감사는 마음을 풍성하게 해준다

2013년도 마지막 날이 되었다. 우리는 여느 해와 마찬가지로 감사 기도를 했다. 2013년 역시 반성보다는 감사할 내용이 훨씬 많은 한 해였다. 아이들이 세상에 알려지면서 그 어느 때보다 감사와 책임감이 더욱 크게 느껴졌다.

수현

- 우리가 만든 노래를 많은 사람들이 좋아해주셔서 감사합니다.
- 한강이 내려다보이는 좋은 집에 살게 해주셔서 감사합니다.
- 연예인이 되면서 우리가 기독교인이라는 게 자연스럽게 알려지게 해주셔서 감사합니다.

· 〈K팝 스타 2〉와 YG를 통해 나를 이해해주는 친구들을 만나게 된 것에 감사합니다.
· 다이어트에 80% 성공하게 된 것에 감사합니다.
· 우리가 가보지 못한 새로운 나라 일본과 베트남을 다녀올 수 있게 해주셔서 감사합니다.
· 콘서트 협연과 참관 특권을 주셔서 감사합니다.

찬혁

· YG에 들어가서 YG 아티스트로서 활동할 수 있게 해주셔서 감사합니다.
· 작곡을 할 때 새로운 아이디어와 창의력을 주셔서 감사합니다.
· 〈K팝 스타 2〉와 CF를 통해서 우리의 좋은 이미지가 만들어진 것에 감사합니다.
· 새 식구 '쪼매'가 생기게 해주셔서 감사합니다.

엄마

· 운전 면허를 딸 수 있어 감사합니다.
· 책을 낼 수 있게 된 것에 감사합니다. 제가 책을 내다니요!
· 한국에서 다시 살게 해주셔서 감사합니다.
· 경제적인 압박에서 벗어나게 해주셔서 감사합니다.
· 우리 네 식구와 친가, 외가 모두 건강하게 잘 지낼 수 있게 해주셔서 감사합니다.
· 사이버대학교의 네 번째 학기를 잘 마칠 수 있게 해주셔서 감사합니다.

· 친정 어머니께 장을 봐드릴 수 있게 해주셔서 감사합니다.

아빠

· 우리 가족이 지금도 여전히 함께할 수 있는 것에 감사합니다.

· 부모님께 용돈도 드리고 뭔가를 해드릴 수 있게 된 것에 감사합니다.

· 아이들이 〈K팝 스타 2〉에서 포상으로 받은 멋진 자동차를 제가 선물받을 수 있게 된 것에 감사합니다.

· 큰 기부와 나눔을 할 수 있게 해주셔서 감사합니다.

· 우리 주위에 좋은 분들을 많이 보내주셔서 감사합니다.

지금까지 그래왔듯 2014년 12월 31일에도, 2015년 12월 31일에도 반성보다는 감사 항목이 훨씬 많을 것이다. 감사는 마음을 풍성하게 해주어 우리의 삶을 더욱 윤택하게 만들어준다는 것도 잊지 말았으면 한다.

능력 있는 부모보다 노력하는 부모가 되어라

아빠

"아빠, 시험 준비 잘 돼가요?"

"글쎄다. 좀 어렵네."

"엄마는요?"

"엄마도 잘 하고 있겠지."

아이들에게 인생에 어떤 기회가 오면 도전해보라고 말한다. 설령 그 도전이 실패로 끝나더라도 도전하는 과정에서 무엇인가를 얻을 수 있을 것이라며. 그 말을 지금은 아내와 내가 실천하는 중이다.

아내와 나는 사이버대학교에서 한국어 과정을 공부하고 있다. 한국어를 공부하는 이유는 외국인을 대상으로 한국어를 가르칠 수 있는 자격증을 취득하기 위해서다. 몽골에서 한국어를 가르치기 위해서는 한국 대학의 국어국문학과를 나오는 등 일정한 자격 요건을 갖추어야 한다.

'돈을 벌기 위해서가 아니라 봉사하기 위해서인데 좀 봐주지.'

이런 생각은 몽골에서 통하지 않는다. 그리고 이왕 봉사하는 것 제대로 하고 싶다는 마음도 들었다.

아이에게 열심히 사는 모습을 보여주어라

마흔이 넘어서 문법을 공부하려니 머리가 아파왔다. 찬혁이와 수현이는 우리가 공부하게끔 집안일도 도와주는 등 열심히 응원해주었다.

"엄마, 물 한잔 갖다드릴까요?"

"아빠, 안마해드릴까요?"

국어 문법이 얼마나 어려운지는 찬혁이가 누구보다 잘 알 것이다. 그런데 우리는 찬혁이가 고입 검정고시를 준비하는 것보다 훨씬 높은 수준의 공부를 해야 한다. 평소에는 거의 써먹을 일이 없는 공부다. 그런데도 하는 이유는 그들이 원하는 것을 충족시켜야 내가 좋아하는 일을 할 수 있기 때문이다. 제도의 불합리함을 따져봐야 소용없다. 아이들에게 늘 말한 대로 '좋아하는 일을 하기 위해서는 꼭 해야 하는 일이 있는 법'이다.

나는 아이들 앞에서는 올바른 권위를 가진 사람이 되려고 노력한다. 아이들의 말을 귀담아듣고, 자기계발을 게을리하지 않으며, 성실하고 엄격하게 살고자 한다. 그중에서 가장 중요한 것은 열심히 사는 모습을 보여주는 것이라 생각한다. 아이들에게 하루를 영원처럼 살라고 말하면서 부모가 방만하게 살면 그것이야말로 위선이 아니겠는가.

아직 도전할 게 많다

우리가 이렇게 뒤늦게 배울 엄두를 낸 건 장모님 영향도 크다. 장모님은 배우는 걸 두려워하지 않으신다. 장모님이 공부하기로 마음먹은 것은 책을 읽고 싶어서였다. 장모님은 일찍 돈을 벌어야 했기에 초등학교 졸업장이 없었다. 그러다 쉰이 다 된 나이에 의정부에서 회기역에 있는 야학에 다니기 시작했다. 3년 만에 초등학교 과정을, 2년 만에 중학교 과정을 마쳤다. 그리고 고등학교 과정을 1년 만에 끝내고는 한국여자신학교에 입학했다. 집에 가면 책상이 거실 한가운데를 차지하고 있었고, 책상 위에는 늘 책이 놓여 있었다. 3년 만에 신학교를 졸업하고 전도사가 되었다.

그 뒤에도 장모님의 도전은 계속되었다. 운전면허증을 따더니 노인복지사 자격증까지 따셨다. 지금은 자격증을 활용해서 돈도 버시고 봉사도 열심히 하신다. 그런 장모님의 모습을 보면서 '나는 아직 젊다, 아직 도전할 게 많다'는 용기를 얻는다. 아마도 우리가 이렇게 공부하는 것도 찬혁이와 수현이에게 좋은 영향을 미칠 것이다.

'엄마, 아빠도 마흔이 넘어서 공부를 했는데 우리가 못 할 리 없잖아.'

나중에 아이들이 공부를 하다가 힘들면 지금의 우리를 생각하면서 힘을 냈으면 좋겠다.

모자람 속에서도 항상 넉넉함이 있다

엄마

남편과 나는 돈을 경계한다. 그것을 잘 쓰는 방법을 모르기 때문에 가급적 갖지 않으려고 노력한다. 남들은 왜 그렇게까지 사느냐고 할지 모르지만, 아이들에게 선물을 사주는 것조차 조심스러웠다. 공식적인 선물은 생일날과 크리스마스에 딱 두 번 했다. 심지어 거의 모든 아이들이 선물을 받는 어린이날에도 하지 않았다. 선물을 하려고 하면 못할 것도 없었지만 삶에 어느 정도 제한을 두고 싶어서였다.

어느 해 수현이의 생일날, 3천 원짜리 소꿉을 선물로 주었다. 그러고는 이렇게 말했다.

“수현아, 생일 축하한다. 엄마는 세상에서 수현이를 가장 사랑해.”

아빠는 과자를 가득 선물했고, 찬혁이는 색종이를 접어주었다. 수현이는 왕관을 쓰고 색종이 목걸이를 했다. 그날만큼은 공주님이 되었다. 집 안은 알록달록 장식을 했다. 미역국과 잡채가 차려진 상 앞에서 우리는 몇 번이나 생일 축하 노래를 불러주었다. 그리고 남편이 그 모습을 캠코더로 촬영했다. 이렇게 많은 돈을 들이지 않더라도 잔치는 늘 풍성했다.

아이들이 사달라는 대로 다 사주지 마라

선물은 아이를 기쁘게 한다. 하지만 선물만이 아이를 기쁘게 하지는 않는다. 수현이가 기쁜 건 엄마, 아빠, 오빠가 함께 생일을 축하해주어서지 생일 선물을 받아서가 아니다.

크리스마스가 다가오면 우리는 몇 주 전부터 선물을 준비한다. 찬혁이는 수현이에게 줄 과자를 사고, 수현이도 오빠한테 줄 선물을 사려고 열심히 돈을 모으고 어떤 선물을 할지 고민한다. 우리는 우리대로 아이들이 좋아할 선물을 해주기 위해서 준비를 한다. 그렇게 해서 크리스마스에 온 가족이 선물을 주고받으며 즐거운 하루를 보낸다.

선물을 지나치게 자주 하면 선물이 주는 기쁨도 줄어든다고 생각한다. 아이들은 1년에 두 번 선물을 받았지만 그때마다 뛸 듯이 기뻐했다. 평소에 자신들이 갖고 싶어 하던 선물이 아니었는데도 말이다. 우리는 늘 가격에 대한 부담이 있어서 대안을 생각했다. 레고가 갖고 싶다고 하면 큰 것이 아니라 작은 것으로, 그것도 살 수 없다면 블록으로 대체했다. 이렇게 우리가 가진 것 안에서 선물을 했다.

선물이란 온 마음으로 준비하는 것이다. 부모가 아무리 돈이 많아도 아이들이 사달라는 대로 다 사주는 것은 좋지 않다고 생각한다. 그건 선물이 아니다. 자식은 요구하고 부모는 그 요구를 들어주는 관계는 더더욱 아니다. 선물은 마음으로 오랫동안 준비하는 것, 기쁨을 주기 위해 준비하는 것이기 때문에 받으면 기쁜 것 아닐까?

돈이 있을 때나 없을 때나 똑같은 가치를 적용하다

〈K팝 스타 2〉 우승 이후에 예전과는 비교도 안 되게 환경이 좋아졌다. 하지만 그만큼 더 마음의 경계가 생기는 것도 사실이다. 풍요로움으로 인해 자칫 그동안 우리가 살아왔던 생활 방식과 가치관을 잊어버리지 않을까 싶어서다. 그래서 우리는 아이들에게도 틈틈이 이야기한다. 멋 부리기 좋아하는 찬혁이는 옷을 사고 싶어 하지만, 우리는 아이들에게 돈 쓰는 걸 자제시킨다. 예전에 우리는 옷은 1년에 한 번만 사줬는데, 이제는 아이들이 직접 골라서 사고 싶어 한다. 그런데 연예인이 되었다고 옷을 마구 사는 것도 옳지 않다는 생각이 들었다.

"지금 두 벌만 사고 나중에 또 사줄게."

나는 옷 사는 데 제한을 두었다. 뿐만 아니라 지금도 아이들에게 용돈을 주고 그 한도 안에서 쓰게 한다. 뭔가 특별한 일에 쓸 돈을 모아야 하거나 급하게 돈을 써야 하는 경우가 있으면 이야기하라고 했는데 아직까지 그런 일은 없다.

남편은 아이들이 어릴 때부터 돈의 가치를 알아야 한다고 생각했다. 그래서 돈이 있을 때나 없을 때나 똑같이 돈에 대한 가치를 적용했다. 몽골에서 살 때 용돈은 1만 5천 원, 2만 원이었는데, 여기서 십일조와 나눔비를 떼었다. 이 원칙을 지금도 적용하고 있다.

우리는 돈에 대한 경계를 늦추지 않는다. 돈이 없을 때도 행복했는데 있어서 불행해진다면 없는 것만 못하기 때문이다. 물론 남편은 건전한 가치관으로 돈을 많이 버는 것도 좋다고 이야기는 한다.

사랑은 비워야 채워진다

〈K팝 스타 2〉 우승 상금 3억 원을 받았을 때는 기쁨보다 두려움이 앞섰다. 이렇게 많은 돈을 가져본 적도, 써본 적도 없었기 때문이다. 우리는 돈을 어떻게 쓸지를 걱정했다. 남편이 말했다.

"얘들아, 아빠는 우리가 가난하게 사는 건 두렵지 않아. 하지만 이렇게 많은 돈이 들어오면 어떻게 해야 할지를 모르겠구나."

우리가 돈을 지혜롭게 쓰고 관리할 능력이 있는지 곰곰 생각해보니 자신이 없었다. 만약에 상금이 300만 원이나 3천만 원쯤이었다면 우리는 여행도 하고, 아이들이 좋아하는 것도 사주면서 소소한 즐거움을 누리며 썼을지도 모른다. 그러나 3억 원은 너무나 책임감이 느껴지는 돈이었다. 찬혁이가 말했다.

"기부를 하면 되잖아요. 몽땅 다 하세요. 우리가 〈K팝 스타 2〉에 나간 것이 돈 때문도 아니고 말이에요."

"저도 오빠 의견에 찬성이에요. 우리는 지금도 행복해요."

남편은 아이들이 '절반은 우리가 쓰고, 절반만 기부해요'라고 말할 줄 알았다고 한다. 찬혁이는 돈이 없어 하고 싶은 걸 못한 경험이 많아서 더욱 그럴 거라 예상했다는 것이다. 그래서 남편이 다시 말했다.

"괜찮아. 너희가 쓰고 싶은 대로 써도 돼. 그동안 너희에게 해준 게 없어서 미안해."

"아니에요. 엄마, 아빠가 해주실 수 있는 최선의 것을 해주셨는걸요."

찬혁이의 말에 나와 남편은 가슴이 뭉클했다. 우리는 더 잘 해주지 못해서 늘 미안하게 생각했는데, 아이들은 오히려 고마워했다. 아이들 덕분에 우리 부부의 인생이 그 어떤 사람들보다 소중해지는 것을 느끼고 더욱 열심히 살아야겠다는 책임감이 느껴졌다. 남편이 아이들에게 말했다.

"우리를 위해서 쓰기보다 기부하는 게 좋겠다는 생각에 동의해. 왜냐하면 그 돈은 우리가 쓰기에는 너무 크기 때문이지. 돈을 잘 쓸 능력이 아빠한테는 없어. 그러니까 나도 기부하는 데 동의한다."

그동안 우리는 돈을 쓰는 데 서툴렀다. 아니, 우리를 위해서는 많은 돈이 필요하지 않았기 때문에 더욱 그랬다. 우리에게 필요한 건 어떻게든 그때그때 채워졌던 것 같다.

그 뒤 남편은 돈에 대한 기준을 세웠다. 돈이 들어오면 지금처럼 십일조와 나눔비를 떼고, 통장에 각각 필요한 액수만 남기고 모두 비워버리는 것으로. 비워야 채워지는 것이 있다. 바로 사랑이다.

우리 가족은 한때 재정 관리를 잘 못해 힘든 생활을 해야 했던 뼈아픈 경험이 있다. 하지만 이렇게 돈을 움켜잡으려 하지 않음으로써 그 모든 고통을 잊어버리게 되었다. 물론 인생에서 돈은 필요하다. 돈으로 할 수 있는 무엇보다 기쁜 일이 있다. 그것은 나눔이다.

이렇게 돈에 대한 규칙을 정함으로써 아이들은 이른 나이에 돈에 대해서 자유로움을 느끼게 되었다. 그리고 인생에 있어서 돈보다 더욱 귀중한 가치들이 있다는 걸 알게 되었다.

아이가 자라는 순간순간을 소중히 여겨라

엄마

대부분의 엄마들은 아이들이 필요로 하는 것을 순간순간 잘 알아차리는 편이다. 아이들에게 관심을 갖고 늘 지켜보기 때문이다. 우리는 지금도 아이들을 세심하게 관찰하고, 아이들한테 일어나는 일들을 다 확인하는 편이다. 아이들이 좀 귀찮아할 수도 있겠지만, 아직은 미성년자이니까 부모의 보호가 필요하다고 생각한다. 물론 아이들, 특히 수현이는 누구를 만나서 무슨 일이 있었는지를 시시콜콜 이야기해주고 싶어 한다.

아이들이 어렸을 때는 지금보다 더 많이 관찰했다. 아이들이 바깥에서 친구들이랑 놀 때는 자주 나가서 그 옆에서 어슬렁거렸다. 일하다가도 아이들이 궁금하면 뛰어나갔다.

"오늘 어디서 놀 거야? 그리고 또 어디로 가?"

내가 이렇게 물으면 아이들은 학교 앞 어디에서 놀다가 어떤 친구 집으로 간다고 이야기한다. 그러면 아이들이 학교에서 논다고 한 시간에 가서 먼발치에서 아이들이 노는 것을 지켜본다. 아이들은 내가 지켜보는 걸 알 수도 있고 모를 수도 있다. 아이들과 눈이 마주치면 손을 흔들어주지만 노느라 정신이 없으면 멀리서 보다 집으로 오기 때문이다.

"그러다가 나중에 아이들한테 집착하게 되면 어떻게 하려고 그래?"

이런 나의 행동이 유난스러워 보였는지 주위 사람들이 걱정을 했다. 지켜보는 것은 집착과는 다르다. 이래라 저래라 간섭하는 것은 아니기 때문이다. 우리는 아이들이 자라는 순간순간을 소중히 여겼을 뿐이다. 만약 우리가 모르고 놓치는 게 있다면 얼마나 안타깝겠는가! 어쩌면 순간순간을 소중히 여긴 덕분에 찬혁이의 재능을 알아보는 행운을 누렸을지도 모른다.

지켜보기와 내버려두기

누군가가 재능은 심심할 때 나온다고 했다. 아이들이 할 게 없으니까 딴짓을 하게 되고 그러다 보면 뭔가 튀어나온다는 것이다. 찬혁이가 처음 노래를 만들었을 때 우리는 찬혁이의 재능 발견에 초점을 맞추었다기보다 지금까지 한 번도 보여준 적이 없는 새로운 모습에 폭발적인 반응을 보였다.

그러한 우리의 반응에 찬혁이는 물 만난 물고기가 되어 자신도 모르게 재능을 쏟아냈다. 그때 우리가 별 반응을 보이지 않았거나, "뭘 그깟 것 가지고 호들갑 떨어"라고 했다면 지금의 악동뮤지션은 탄생하지 못했을 것이다. 아이들은 에너지 덩어리이기 때문에 언제 어떤 것에 반응을 보일지 모른다. 아이가 어제와 다른 모습을 보일 때, 부모가 예상하지 못하는 행동을 할 때, 그 순간을 놓치지 않고 잘 잡아낸다면 아이의 새로운 가능성을 발견할 수도 있다.

그다음은 부모가 나서서 아이를 이끌려 하지 말고, 앞에서도 이야기했지만 아이 스스로 길을 찾아갈 수 있도록 내버려두는 것이다. 찬혁이가 음악을 열심히 한다고 하는데 이것은 엄밀히 말하면 틀린 말이다. 음악을 만들기 위해 열심히 노력한다기보다 자신의 의지와 상관없이 머릿속에 떠오르는 노랫말이나 멜로디를 받아 적고 있는 것일지도 모르기 때문이다. 이런 것을 '영감'이라고 불러도 될까?

찬혁이는 집에 와서 밥 먹는 시간 빼고는 자기 방에 틀어박혀 뭔가를 열심히 한다. 그러면 우리는 그냥 내버려둔다. 화성학을 더 배워라, 코드를 더 배워라, 다른 사람은 어떻게 노래를 하나 살펴봐라 따위의 간섭도 일절 하지 않는다. 소속사를 선택할 때도 '그냥 내버려둘 수 있는 곳'을 골랐다. 찬혁이를 위한 최선의 배려는 '내버려두기' '지켜보기'라고 생각해서다. 우리는 아이들이 데뷔를 하지 않았다고 해도 마찬가지로 지켜보며 내버려두었을 것이다. 홈스쿨링을 통해 이것이 얼마나 절실한 것인지 뼈저리게 느꼈으니까 더더욱!

사랑과 관심으로 아이를 관찰하라

우리가 부모로서 찬혁이에게 어떤 영향을 끼치고 무엇인가를 주었다면 그것은 '사랑'과 '관심'으로 아이를 열심히 관찰한다는 것이다. 아이를 키우는 걸 부모로서의 힘든 의무라고 생각하지 않고 무엇이든 아이와 함께 재미있게 하고 시간을 함께 보내려고 했다. 아이와 함께하는 모든 순간을 감사하게 생각했다.

우리가 아이들을 뒷바라지해줄 만큼 형편이 넉넉지 않았던 것이 오히려 아이들이 가진 재능과 끼를 간직할 수 있게 하지 않았나 싶다. 작곡을 조금 하는 것 같다고 음악 학원에 보내거나 보컬 트레이닝을 받게 했다면 지금의 찬혁이와 수현이가 있었을까? 부모들은 자녀들의 재능을 일찍 발견해서 계발하고 지원을 해야 뒤처지지 않는다고 생각한다. 물론 이렇게 지원을 해서 더 잘 되는 부분도 있겠지만 스스로 내부에서 익어가는 부분도 있을 것이다.

수현이는 수현이의 재능을 눈여겨본 몇몇 선생님들로부터 보컬 레슨을 두어 차례 받은 적이 있다. 그러나 번번이 본격적인 수업 단계로 나아가지 못하고 소리 질러 보기에서 그쳤다. 어쩌면 이것이 더 다행이었는지도 모른다는 생각이 들었다. 수현이는 자기 나름대로 이런저런 방법을 써보며 자신의 목소리를 다루는 법을 터득했기 때문이다.

결과적으로 보면 우리는 아무것도 해주지 않음으로써 아이들 내부에서 재능이 완성되기를 기다린 셈이다. 그리고 아이들을 관찰하면서 아이들이 원하는 길로 갈 수 있도록 하려고 고심했다. 따라서 내 아이에게 조금이라도 재능이 있다면 조급하게 이것저것 해주려 하기보다는 아이 스스로 그 재능을 깨닫고 완성해보도록 여유를 가지고 지켜보는 것은 어떨까.

아이와 함께하는 지금이 가장 소중하다

남편은 아이들이 빨리 커가는 것을 매우 아쉬워했다. 아이들과 항상 함께 지내면 하루하루가 다르게 자라는 아이들의 모습을 금방 눈치채지 못할 수도 있는데, 남편은 어제보다 쑥 자란 아이들을 보며 안타까워 했다. 아이들의 사랑스러운 순간순간을 눈에 담으며 오래도록 기억하고 싶어 했다.

남편이 했던 말이 기억난다.

"우리 부부가 아이들의 행복을 위해서 열심히 일하며 돈을 벌고, 미래를 대비하느라 지금 아이들과 보내는 시간을 소홀히 한다면 얼마나 후회스러운 일이 될까? 혹시라도 그전에 우리가 또는 아이들 중에 누군가가 갑자기 세상을 떠나는 일이라도 생기면, 그동안 우리가 노력하며 준비해왔던 '행복한 미래'는 과연 그때도 쓸모가 있을까?"

우리가 직접 경험하지 않았지만, 우리 주변을 잠깐만 돌아보아도 남편의 말은 충분히 공감이 갔다.

어제는 다시 돌아오지 않는다. 오늘도 지나가면 다시 돌아오지 않을 어제가 되어버린다. 우리에게 가장 사랑스럽고 귀한 가치를 지닌 존재는 아이다. 부모는 그런 아이와 함께할 수 있는 길지 않은 시간을 어떻게 보내야 할까? 부모로서 아이의 재능을 찾아주고 또 아이에게 행복한 미래를 안겨주기 위해서 애쓰는 건 당연하다. 하지만 부모와 아이가 함께 만들어나가는 '오늘의 행복'도 놓치지 말고, 지금 이 순간순간을 소중히 여기며 살았으면 한다. 그러기에도 시간은 모자라다.

경쟁보다 자신의 가치를 발견하게 하라

아빠

'서로 좋은 것들을 나눠 가지고 동료가 되는 것!'

경쟁사회에서 우리의 이런 생각을 판타지라고 말하는 사람도 있다. 아이들이 나아가야 할 사회는 분명 경쟁사회다. 그리고 앞으로 경쟁은 더욱 치열해질 것이다. 그런데도 우리가 아이들에게 "경쟁하지 말라" "특히 주변 사람과 경쟁하지 말라"고 가르치는 이유는 아이들이 행복하게 살기를 바라는 마음에서다.

〈K팝 스타 2〉에 출연할 때도 아이들에게 다른 참가자들을 경쟁자가 아닌 동료나 친구로 여기라고 했다. 다행히 모두 서로 친구처럼 가족처럼 챙기면서 돌봐주었다고 한다. 덕분에 많은 추억을 쌓을 수 있었고, 한 사람 한 사람 헤어질 때마다 아쉬움에 많이 슬펐다고 한다. 우리는 아이들이 앞으로도 그런 마음을 갖고 살았으면 한다.

나도 직장에 다닌 적이 있다. 사회생활을 하다보면 본의 아니게 경쟁심이 생긴다. 그렇게 살아야 되는 줄 알 때도 있다. 그런데 마흔 중반이 넘어가면서 정말 행복해지려면 경쟁하는 마음부터 없애야 한다는 걸 알게 되었다.

너희만의 재능이 있을 거야

경쟁은 비교에서 비롯된다. 나와 다른 사람을 비교하면 경쟁하려는 마음이 생긴다. 그런데 비교라는 것은 독과 같다. 비교를 하면 먼저 열등감이 나타난다. 또 하나는 교만함이다. 따라서 비교는 바로 교만과 연결되어 있다. 우리는 아이들한테 항상 자신만이 가지고 있는 가치를 강조한다.

"분명 너희만이 가지고 있는 재능이 있을 거야. 너희가 그 재능을 찾아서 노력하면 일로 연결될 수 있고, 그렇다면 그 일을 더욱 즐기면서 할 수 있을 거야. 그게 바로 행복이 아닐까."

여기에 나는 확신을 더해 말한다.

"너희가 그 일을 정말 즐기면서 열심히 한다면 그 일에서도 좋은 성과를 얻을 수 있고, 그 일을 통해 사회에 좋은 영향을 끼칠 수 있는 길도 열릴지 몰라."

나는 남들과 비교해서 좋은 직업을 갖는 것보다, 남들과 비교하지 않고 스스로 잘하는 일을 찾는 것이 훨씬 낫다고 생각한다. 우리나라 5천만 속에서 경쟁하는 것보다 70억 인구 속에서 자신만이 할 수 있는 일을 찾는 것이 더 낫다. 5천만분의 1보다 70억분의 1이 훨씬 의미 있으니까.

자신의 가치를 발견하면 세상에서 유일한 존재라는 자존감이 생긴다. 경쟁에서 점수를 더 얻어서 성취감을 느끼는 건 잠깐이다. 그보다는 자신이 좋아서 어떤 일을 열심히, 꾸준히, 그리고 기쁘게 하다보면 성취감이 생긴다. 그것이 바로 자기 자신을 위하고 다른 사람을 위하는 게 아닐까? 그렇기 때문에 이웃에게, 다른 사람들에게 경쟁하는 마음을 갖지 말라고 하는 것이다. 그것은 오히려 자기의 가치를 폄하하는 일이니까.

재미있게 도전해봐!

오디션 프로그램은 특성상 무한경쟁을 유도한다. '살아남기'라는 명분으로 다른 사람을 이기고 올라가야 한다. 내가 저 사람을 이기지 못하면 살아남지 못한다. 내가 잘해야지 하는 욕심이 생길 수밖에 없는 구조다. 라이벌도 같은 꿈을 가지고 있는 친구다. 그런데 욕심이 생기면 알게 모르게 그 친구를 이겨야 한다는 경쟁심이 발동할 수 있다. 서로 보듬어주어도 모자란 사이가 친구인데 말이다.

아이들이 〈K팝 스타 2〉에 나간다고 했을 때 속으로는 걱정이 되었다. 경쟁심만 잔뜩 키우게 되는 건 아닌가 하는 점 때문이다. 그래서 방송에 출연하기 전에 아이들에게 초반에 떨어져도 잘한 거니까 절대로 욕심부리지 말라고 당부했다.

'Officially Missing You'는 찬혁이가 경연에서 떨어진 친구들을 생각하면서 가사를 쓴 노래다.

"친구들을 보내는 게 너무 힘들었어요. 친구들 뒷모습을 보면서 바닥에 앉아서 엉엉 울었어요. 우리가 정말 미안했어요. 우리가 떨어졌어야 하는데……."

수현이의 이야기를 듣고 나도 한동안 마음이 좋지 않았다.

찬혁이는 머릿속으로 그림을 그린다. 이번 라운드에서 이 노래를 부르게 되면 무대는 어떻게 하고 의상은 어떻게 할 것이라는. 그리고 어떻게 하면 스스로를 가장 잘 표현할 수 있을까에 몰두한다. 찬혁이는 1라운드, 2라운드가 끝난 뒤 생방송이 시작되면서 자작곡을 많이 부르고 싶어 했다. 그런데 자작곡을 부를 무대가 많지 않았다.

'이걸 어떻게 다 부르지?'

그러니까 찬혁이는 무대마다 이겨서 다음 라운드에 진출하는 것보다 어떻게 하면 자기가 가지고 있는 것을 다 보여줄 수 있을까에 도전했다. 우리는 방송을 시작할 때부터 아이들에게 "재미있게 도전해보라"고 했고, 아이들은 "그 도전을 우리가 어디까지 할 수 있나 보고 싶다"라고 했다.

지금의 모습을 잃지 않았으면

사람들이 악동뮤지션이라고 하면 떠올리는 음악적 색깔이 있다. 현란한 기교나 특정 메시지를 앞세우지 않고 순수하고 꾸밈없는 생각 그대로를 노래한다는 것. 누구든 기분이 맑아지고 순수해지고 싶어질 때가 있다. 착하게 살아야지 하고 마음먹을 때도 있다. 아이들의 노래가 그런 여운을 주는 건 아닐까? 아이들의 외모는 아무리 봐도 연예인 같지 않은 평범한 모습이다. 지금은 메이크업을 해서 조금 달라 보이기는 하지만, 방송 당시만 해도 이웃에 살거나 길거리를 오가다보면 흔히 만나는 중학생, 고등학생 같은 아이들이었다. 너무 예쁘지 않아, 너무 잘생기지 않아 친근한! 노래뿐만 아니라 아이들 자체가 '우리와 같다'는 공감대를 불러일으켰다.

찬혁이와 수현이에게 좋은 점이기도 하지만 앞으로 넘어야 할 벽이기도 한 것이 바로 이미지다. 악동뮤지션 하면 '순수하고 착하다'는 이미지가 떠오른다. 그 말대로 아이들은 지금까지는 순수하고 꾸밈없고 욕심 없는 모습이다. 하지만 아이들이 어떤 식으로 변해갈지는 모른다. 다만 지금의 모습을 잃지 않았으면 하는 것이 부모의 마음이다. 그러기 위해서 부모인 우리가 할 일은 간섭하지 않되, 지금까지 살아온 삶의 방식을 잃어버리지 않도록 격려하는 것이라고 생각한다.

안 되면 그만두더라도 하는 데까지 해봐!

엄마

하나를 이루고 나면 또다시 이루어야 할 수많은 과제들이 생기는 게 우리의 인생이다. 찬혁이와 수현이도 〈K팝 스타 2〉에 참가했을 때는 끝까지 가보는 것이 목표였다. 하지만 우승을 하자 아이들의 꿈도 커지고, 그만큼 아이들이 이루어야 할 과제도 많아졌다.

현실적으로 수현이는 고입 검정고시를, 찬혁이는 대입 검정고시를 치러야 하는 과제가 있다. 하지만 지금 아이들의 가장 큰 고민은 음악적인 색깔에 대한 것이다. 우리는 아이들이 스스로 만들어낸 고민을 실컷 하게 내버려둔다. 찬혁이는 여러 장르의 노래를 만들어보고 싶어 한다. 물론 지금까지 알려진 곡들 외에도 다양한 색깔을 가진 곡들을 많이 만들어놓았다. 찬혁이는 도전의식이 강해 해보고 싶은 게 있으면 일단 해보는 스타일이다. 우리는 늘 이야기한다.

"안 되면 그만두더라도 할 수 있는 데까진 해보자."

완결을 지으려는 마음, 그것만큼 스스로를 옥죄는 것은 없다. 하다가 못할 수도 있다. 모든 도전이 성공하리라는 보장도 없다. 그리고 도전의 결과가 지금 당장 나타나는 것도 아니다.

겁 없이 시작하는 게 중요하다

이렇게 마음 편하게 생각하고 시작하면 어떤 도전이든 하게 된다. 겁 없이 시작하는 게 중요하다. 우리 가족은 도전 결과에 대해서는 크게 연연해하지 않는다.

찬혁이는 성공이냐 실패냐를 정하는 나름의 기준이 있다. 노력했지만 어쩔 수 없이 진 것에 대해서는 정당하게 승복한다. 반면 노력하지 않아 진 것에 대해서는 '내가 왜 그랬지……'라며 자기 탓을 많이 한다.

아이들이 악동뮤지션이라는 이름으로 〈K팝 스타 2〉에 나갔을 때 자신들이 노래를 만들어서 부르는 것 말고 다른 것은 해보지 않았다. 두 아이 모두 보컬 트레이닝을 제대로 받아본 적도 없고, 특히 찬혁이는 음표조차 제대로 읽을 줄도 몰랐고, 편곡이 무엇인지는 더더욱 몰랐다. 그런데도 방송을 하면서 '한번 해보자'라는 오기가 발동했던 것 같다. 아마 홈스쿨링처럼 일생일대의 모험이었을 것이다. '안 되면 할 수 없고 할 수 있는 데까진 해보지 뭐!' 하는 마음이 있었기에 쉽게 도전할 수 있었을 것이다.

우리는 아이들의 모습을 보면서 '음악'에서 꿈을 찾아도 되겠다는 확신을 가졌다. 그전까지는 이런 집중력과 노력을 보여준 적이 없었으니까. 경연을 하는 도중에 '이건 내가 할 일이 아니다'라는 생각이 들었다면 찬혁이는 미련 없이 포기했을 것이다. 자신이 끝까지 하고 싶고, 해낼 수 있다는 자신감이 있었기에 끝까지 했을 것이다. 그 판단 기준은 스스로가 자신의 재능에 대해서 오랫동안 고민하고 갈등했기 때문에 가능했을 것이다.

수현이는 무엇이든 잘 받아들이고 쉽게 융화하는 편이다. 노란색을 만나면 금방 노란색으로 물들고, 분홍색을 만나면 금방 분홍색으로 물든다. 오빠가 만든 노래도 발라드면 발라드, 록이면 록 금방 받아들인다. 반면 찬혁이는 우선 지켜보는 편이다.

'저 일이 나랑 맞을까? 내가 저기 들어가도 될까?'

자신이 찬찬히 생각하고 고민한 뒤에 맞으면 흔쾌히 도전한다.

우리는 지금 찬혁이와 수현이가 악동뮤지션으로 노래를 하는 것도 하나의 도전이라고 생각한다. 그 도전이 끝까지 갈 수도 있지만, 어느 순간 다른 일에 도전해보겠다고 할 수도 있다. 아이들의 선택이 그렇다면 당연히 지지한다.

'너희는 가수가 되었으니 꼭 성공해야 해.'

이런 식의 말은 아이들에게 부담만 줄 뿐이라고 생각한다. 무엇이든 좋아서 한다면 최대한 즐기면서 할 수 있게 도와주어야 하지 않을까. 아이들에게 오늘의 많은 것을 희생하면서 내일의 목표 지점을 향해 가라고 할 필요는 없다.

또 한번 시작했으니까 끝까지 가게 하는 것, 더 이상 즐겁지 않은데도 계속하라고 하는 건 분명 옳은 선택이 아닐 것이다. 세상에는 선택해야 할 것이 너무도 많다. 처음에 내가 최선이라고 여겼던 것을 못하게 되더라도 시간이 좀 지나면 다른 길이 열린다. 또한 설령 내가 선택한 어떤 결정이 그 순간에는 최선이 아니었을지라도 지나고 보면 최선이 될 수도 있다. 우리 아이들도 자신의 길을 가면서도 옆도 보고 뒤도 돌아볼 줄 아는 사람이 되었으면 좋겠다.